营城造市

TOWN AND CITY CONSTRUCTION

当代中国建筑方案集成 ① (商业)

同筑国际 ◎ 主编

中国林业出版社

图书在版编目（CIP）数据

营城造市．商业 / 同筑国际主编．-- 北京：中国林业出版社，2013.11

ISBN 978-7-5038-7233-4

Ⅰ．①营… Ⅱ．①同… Ⅲ．①商业建筑－建筑设计－作品集－中国－现代 Ⅳ．①TU206

中国版本图书馆CIP数据核字（2013）第243605号

本书编委会

主　　编：李岳君　孔　强
副 主 编：杨仁钰　郭　超　王月中　孙小勇
编写成员：王　亮　文　侠　王秋红　苏秋艳　刘吴刚　吴云刚　周艳晶　黄　希
　　　　　朱想玲　谢自新　谭冬容　邱　婷　欧纯云　郑兰萍　林仪平　杜明珠
　　　　　陈美金　韩　君

中国林业出版社
责任编辑：李　顺　唐　杨
出版咨询：（010）83223051

出　版：中国林业出版社（100009 北京西城区德内大街刘海胡同7号）
网　址：http://lycb.forestry.gov.cn/
印　刷：北京卡乐富印刷有限公司
发　行：中国林业出版社发行中心
电　话：（010）83224477
版　次：2014年1月第1版
印　次：2014年1月第1次
开　本：889mm×1194mm 1 / 16
印　张：19
字　数：200千字
定　价：320.00元

前 言

营城造市，一般指在现代城市建设中的超级大盘。美国城市规划学家埃罗·沙里宁曾说："城市是一本打开的书，从书中可以看到他的抱负"。那我们认为，大盘就是书中的章节，从他的整个开发设计中可以窥究城市的发展。

在一座城市的营建改造过程当中，一定是多种完善的配套建筑共同构成，这其中包括城市规划、市政工程、大型商业综合体（写字楼、医院、学校、购物中心、主题公园、酒店、旅游度假、住宅、公寓等等）来共同组建而成。《营城造市》丛书在当代中国的建筑近几年的作品当中甄选了大量的实际案例，全方位地向世人展示了现代中国建筑师们充满智慧的创作作品，充分体现了他们多元化的设计风格：新西洋式建筑、纯乡土的设计、民族地域形式，亦有前卫的智能化的设计。而无论哪种形式的建筑设计，最终都要服从于功能。而节能、实用、美观、坚固、环保必是今后城市发展长期的趋势和需求。

本套丛书信息量巨大，涉及的内容也非常广泛，编者在收集、整理过程中尽量做到遴选认真，切实反映每个项目的全貌，但因水平有限，书中难免出现纰漏，恳请读者不吝指正，为本系列书的不断进步提出宝贵意见。

本书编委会
2013 年 10 月

营 城 造 市
TOWN AND CITY CONSTRUCTION

商业

目录 CONTENTS

绍兴乔波冰雪世界	**002**	Shaoxing Qiaobo Ice and Snow World
宁波环球中心	**014**	Ningbo Global Center
深圳国际农产品物流园	**022**	Shenzhen International Agricultural Products Logistics Park
贵阳国际会议会展中心城市建筑综合体	**034**	Guiyang International Conference and Exhibition Center City Complex Building
绍兴世茂新城	**040**	Shaoxing Shimao New Ctity
长城笋岗城市综合体	**054**	Great Wall Sungang Urban Complex
Phase I of Tianjin Bay Plaza of Tianjin Financial City	**056**	天津金融城津湾广场一期
Shenzhen Nanyou Shopping Park	**062**	深圳南油购物公园
Waterfront Service Areas Planing of Changzhou Science and Education Town	**066**	常州科教城滨水服务区规划
Moutai Building	**070**	茅台大厦
天津高新区国家软件及服务外包基地	**074**	National Software And Service Outsourcing Industry Base of Tianjin Hi-tech Zones
海航合肥城市综合体	**078**	HNA Hefei City Urban Complex
宁波钱湖天地商业广场	**082**	Ningbo Qianhu Tiandi Commercial Plaza
深圳汉京国际	**086**	Shenzhen Hanking International
天津德式风情街	**092**	Tianjin German Customs Street
Chengde Jinlong Royal Plaza	**096**	承德金龙皇家广场
Qingdao Haitian Center	**098**	青岛海天中心
Fuzhou Straits Car Cultural Square	**100**	福州海峡汽车文化广场
Nanjing Ningbo Ice And Snow World	**104**	南京乔波冰雪世界

BUSINESS

当代中国建筑方案集成 1

上海庙商业综合体	**106**	Shanghai Temple Commercial Complex
自贡南岸科技新城核心区	**108**	The South Bank of Zigong City science and technology new high-tech district
唐山金融中心	**110**	Tangshan financial center
常州新世纪商城概念设计	**112**	The Concept Design of Changzhou New Century Shopping Center
杭州卓越滨江双子塔	**114**	Hangzhou Binjiang Petronas Twin Towers
Kunming strength heart city	**116**	昆明实力心城
Jilin Fortune Plaza	**118**	吉林财富广场
Shenyang Wuzhou Commercial Plaza	**120**	沈阳五洲商业广场
Nanning ASEAN International Super High-rise Building	**124**	南宁东盟国际大厦超高层
天津城市大厦	**126**	Tianjin Urban Building
厦门香山国际游艇码头	**130**	Xiamen Xiangshan international yacht wharf
广州珠江城	**132**	Guangzhou Pearl City
广州太古汇	**136**	Guangzhou Taikoo Hui
大连市万达中心	**140**	Dalian Wanda Center
广州圣丰广场	**142**	Guangzhou Shengfeng Plaza
Shanghai Center Tower	**146**	上海中心大厦
Shangyu Baiguan square	**152**	上虞百官广场
Guangzhou Yuexiu urban construction "West tower"	**156**	广州越秀城建"西塔"
Heifei Baohe Wanda Plaza	**160**	合肥包河万达广场

目录 CONTENTS

营 城 造 市　TOWN AND CITY CONSTRUCTION　　商业

苏州工业园区彩世界商业中心	162	Color World Commercial Center of Suzhou Industrial Park
东盟国际商务园区韩国园区	168	South Korea Park of ASEAN International Business Park
沈阳铁西万达广场	184	Shenyang Tiexi Wanda Plaza
沈阳万达广场（太原街一期工程）	192	Shenyang Wanda Plaza (The First Phase Project of Taiyuan Street)
宁波市和丰创意广场	202	Ningbo Hefeng Creative Plaza
天津塘沽区"阳光金地"	212	Sunshine Gold of Tanggu District, Tianjin
Pazhou Poly International Plaza	216	琶洲保利国际广场
Meibangyalian Plaza(Marriott Century Center)	222	美邦亚联广场（万豪世纪中心）
West Lake Times Square	224	西湖时代广场
Blue Harbor	228	蓝色港湾
大唐西市概念规划	230	Concept planning of Tang Dynasty city
惠州方直国际商务中心	234	Huizhou Fangzhi International Business Center
厦门中山路名汇广场	240	Xiamen Zhongshan Road Plaza
贵阳国际金融中心	244	Guiyang international financial center
刚果（布）商务中心	246	Congo(Brasseville) Business Center
Ningbo International Trade Center	248	宁波国贸
Scheme Design of the West Tower of Guangzhou Pearl River New City	250	广州珠江新城西塔方案设计
Nanjing Langma International	252	南京朗玛国际
Projict of Jiacheng Sanya Bay	254	佳城三亚湾项目

BUSINESS

当代中国建筑方案集成 1

中文	页码	English
满世界时代广场	256	Man Shi Times Square
大同市东小城商业规划设计	258	Business Planning and Design of Dongxiao, Datong
华润大厦及万象城购物中心一期	260	China Resources Building and the phase I of Mixc shopping Mall
佛山市佛山新城商务中心	262	Foshan New City Commerce Center of Foshan City
Zhongtian Real Estate Dongguan Zhongxu Square	264	中天地产东莞中旭广场
Ji'nan Zhonghai Plaza -- Universal Park	268	济南中海广场 -- 环宇城
Junhao International Commercial Center	270	君豪国际商业城
Kun Yang shopping plaza of Huanghua City	274	黄骅市琨洋购物广场
Jiyuan Oriental International Garden	276	济源东方国际花园
佛山·华南国际采购与区域物流中心	278	Foshan Southern China International Procurement and Logistics Center
贵阳中天未来方舟项目 B 区	282	B Area of Guiyang Zhongtian Future Ark Project
优德国际项目	284	Youde International Project
龙岩中澳美食城概念规划设计	286	The Concept Planning and Design of Longyan Sino-Australian Catering City
Shenzhen Longgang Galaxy Coco Park	288	深圳龙岗星河 COCO PARK
Planing and Design of Nanchang Central China City	290	南昌华中城规划设计
Anhui Lu'an jiadi square	292	安徽六安嘉地广场

绍兴乔波冰雪世界

工程档案

建筑设计：上海建筑设计研究院
项目地址：浙江绍兴
用地面积：49500m²
建筑面积：58033m²
容 积 率：1.15

项目概况

本工程位于浙江省绍兴市鉴湖——柯岩旅游区柯南大道以南，柯岩街道柯岩村，桥头山地块内，基地东南、西南侧为山丘；基地红线外有一条规划路，由当地政府兴建，即将竣工通车。绍兴乔波冰雪世界总占地面积49500m²，拟建室内滑雪馆和酒店项目。

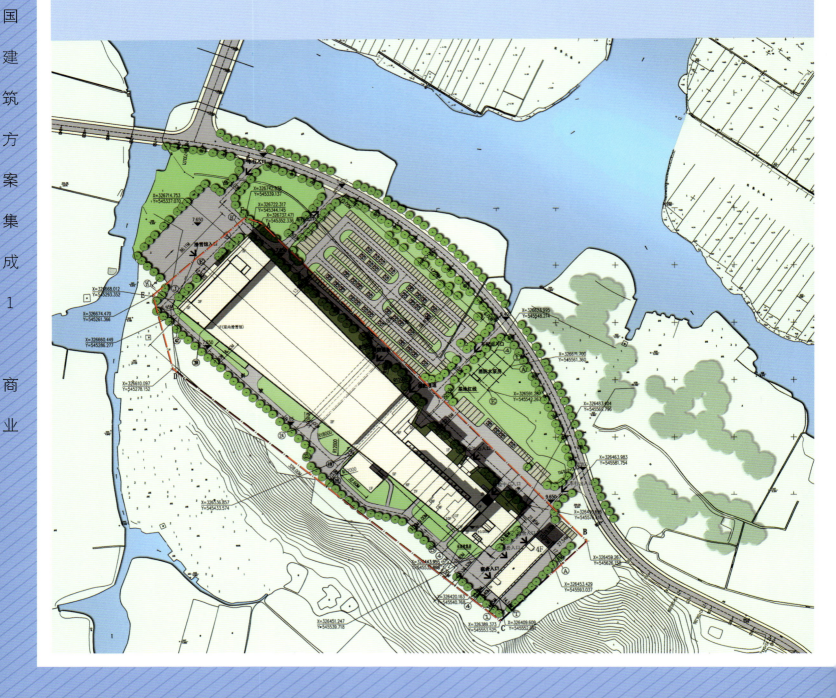

设计原则

1. 建筑布局合理。与规划道路衔接顺畅；适应地方气候；造型富有创意，能成为当地标志性建筑。

2. 充分满足滑雪运动及酒店等各方面使用功能的要求，有利于人流疏散。

3. 便捷顺畅的交通设计。解决好滑雪度假人流与办公人流、来访车流与办公车流、分流与集散，处理好度假与办公的人车流关系。

4. 优美协调的外部环境设计，建筑形态应服从城市设计的整体要求，应兼顾四个方向的美观。结合公共绿化带，创造舒适宜人的外部环境。

5. 充分考虑持续发展的需要，使能随未来社会的发展，不断作出适应性调整。

绿化景观设计

鉴湖——柯岩旅游开发区的定位是国际级度假风景区，因此景观绿化设计突出了建筑在城市规划中的意义，本设计的基本主题是在自然景观和含有人工绿化中庭的建筑之间建立一个对比和呼应关系，充分借用南侧的绿化山丘及北侧的原有湖泊与雄伟壮观、体型独特的滑雪馆建筑及酒店围合的内院形成对比。景观设计力求创造一个多层次多样化的景观绿化环境，自然造型元素与人工完成的绿化、水景构成内庭院基本特色，为宾馆提供安静的休息环境。宾馆顶层部分充分利用高低跌落屋顶布置绿化，增加了顶部户外活动空间，也丰富了景观格局的层次。

营城造市
TOWN AND CITY CONSTRUCTION

商业

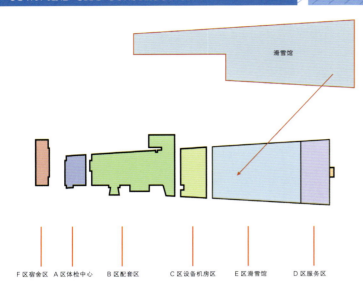

功能分区

根据功能要求和各区域互相联系和制约关系，确定建筑的流线和功能分区，主要由以下区域构成：滑雪馆、体检中心、配套区、设备机房区、服务区、宿舍区。

A区体检中心一层平面图

A区体检中心二层平面图

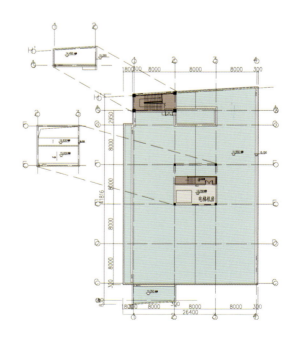

A区体检中心三层平面图

A区体检中心屋面平面图

BUSINESS

营 城 造 市
TOWN AND CITY CONSTRUCTION

B区配套区一层平面图

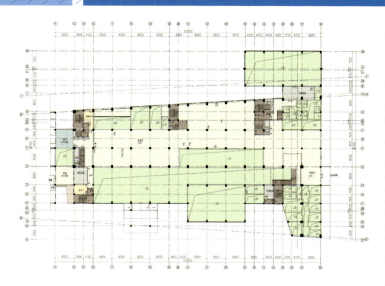

B区配套区夹层平面图

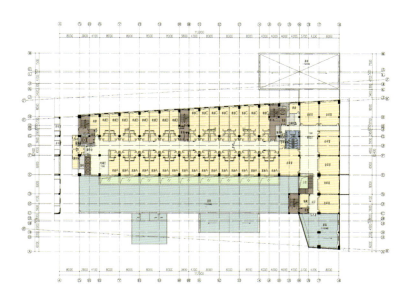

B区配套区二层平面图

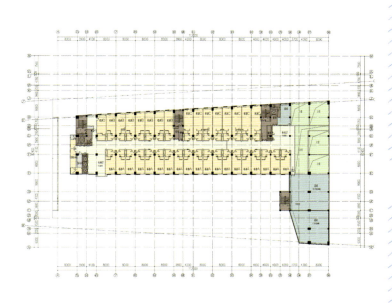

B区配套区三层平面图

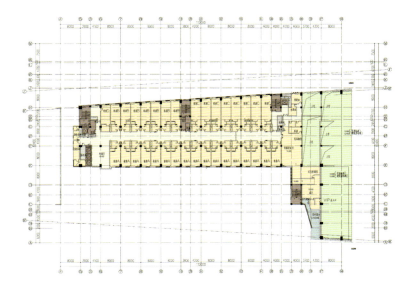

B区配套区四层平面图

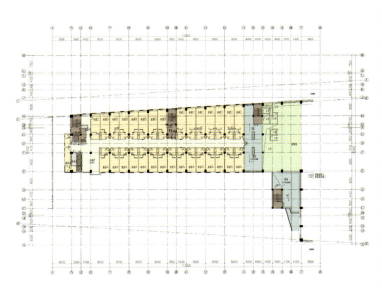

B区配套区五层平面图

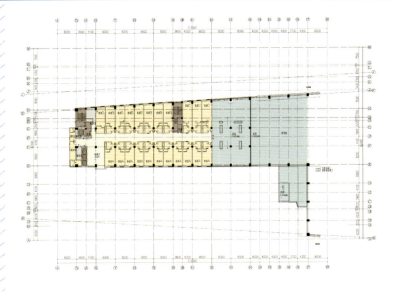

B区配套区六层平面图

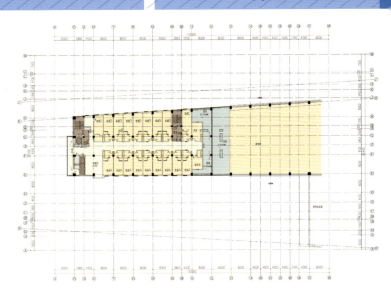

B区配套区七层平面图

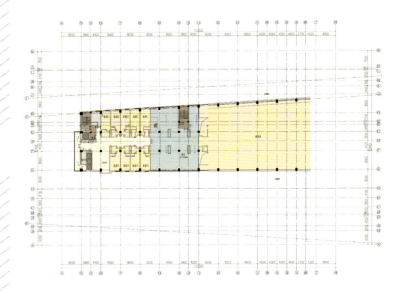

B区配套区八层平面图

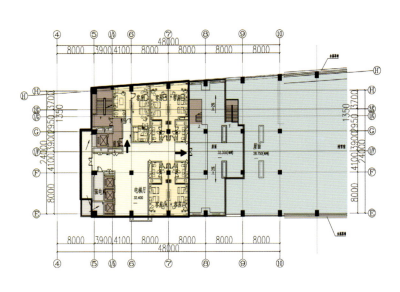

B区配套区九层平面图

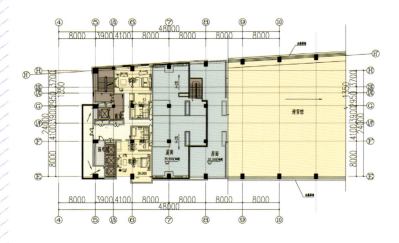

B区配套区十层平面图

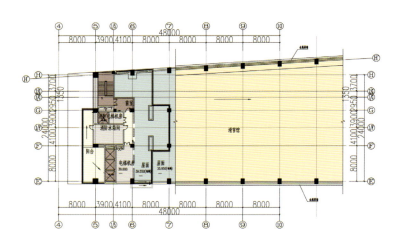

B区配套区十一层平面图

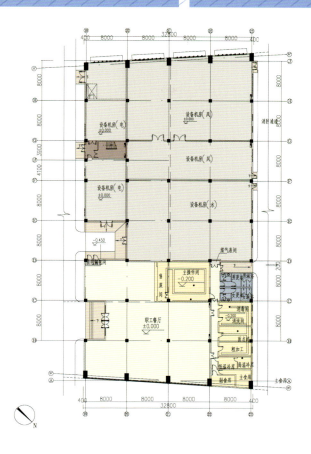

C区设备机房区一层平面图

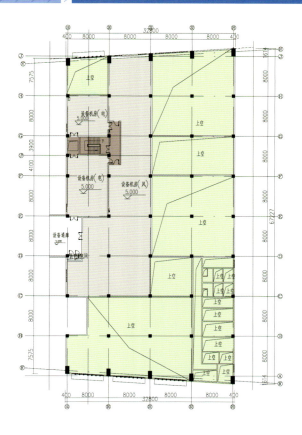

C区设备机房区夹层平面图

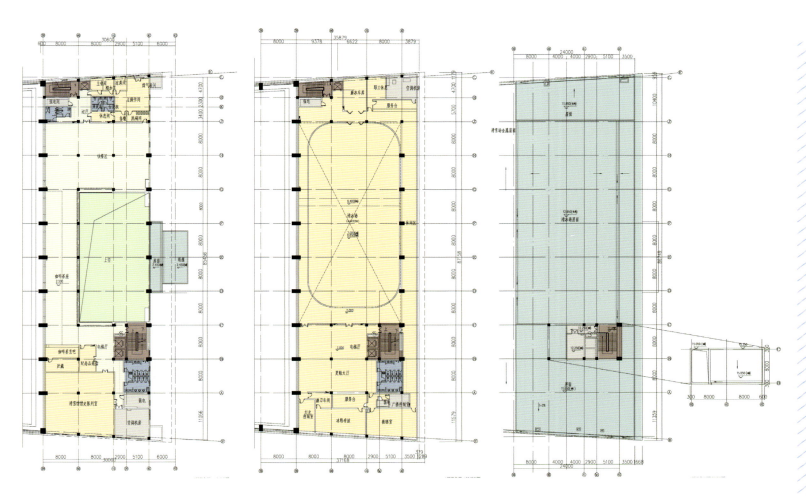

D区服务区二层平面图　　　D区服务区三层平面图　　　D区服务区屋面平面图

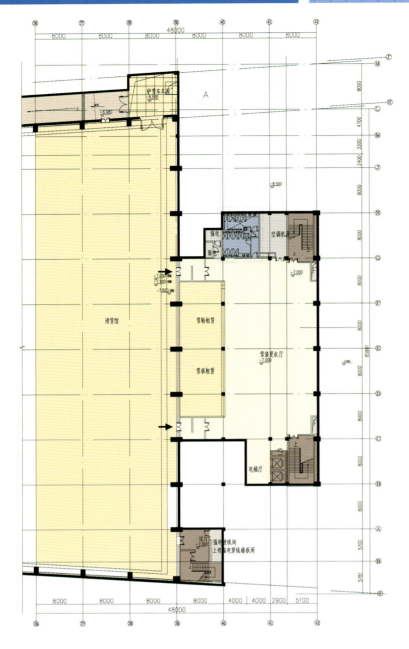

D区服务区地下一层平面图　　　　　　　　　D区服务区一层平面图

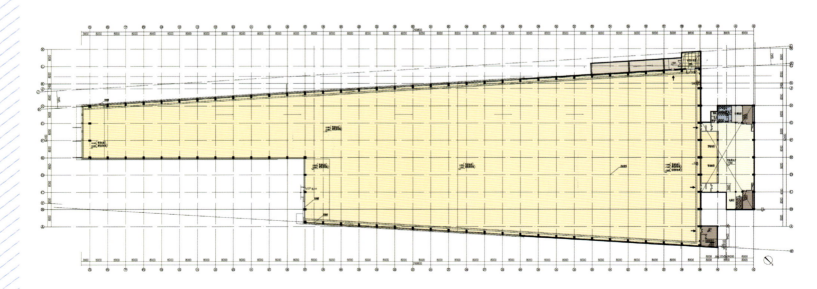

E区滑雪馆平面图

BUSINESS

营 城 造 市
TOWN AND CITY CONSTRUCTION

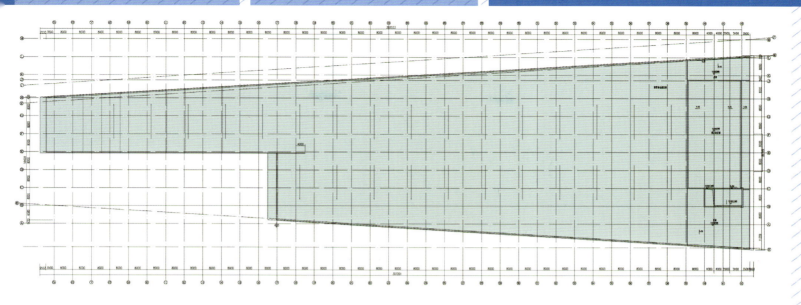

E区滑雪馆屋面平面图

F区宿舍一层平面图

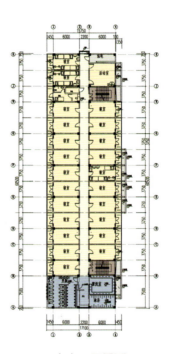

F区宿舍二层平面图

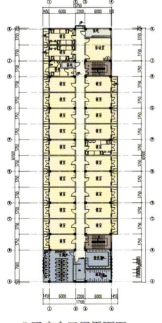

F区宿舍三层平面图

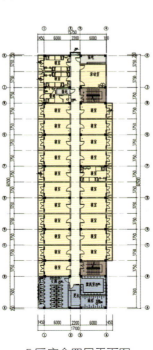

F区宿舍四层平面图

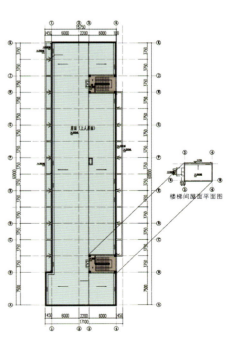

F区宿舍屋面平面图

营城造市
TOWN AND CITY CONSTRUCTION

商业

乔波冰雪世界立面图、剖面图

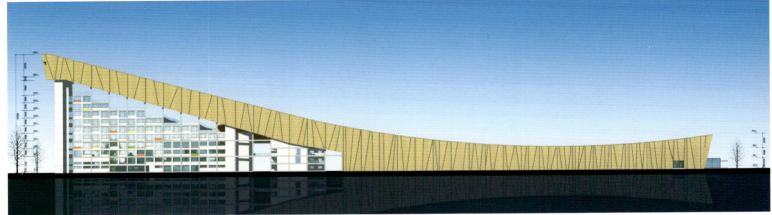

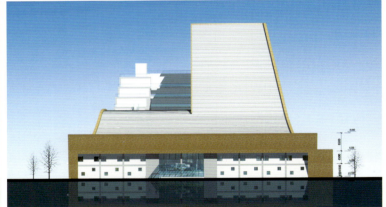
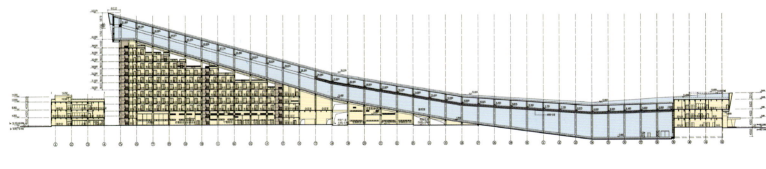
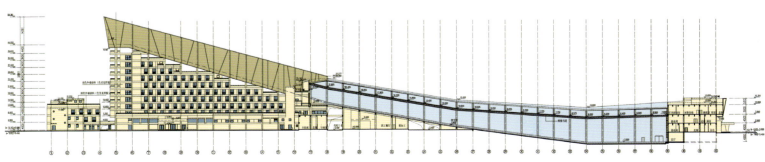

BUSINESS 营城造市
TOWN AND CITY CONSTRUCTION

滑雪馆服务区入口广场

滑雪馆雪道

滑雪馆服务区门厅内景

滑雪馆服务区休息区内景

营城造市
TOWN AND CITY CONSTRUCTION

商业

酒店入口

酒店大堂休息区

酒店大堂内景

酒店中餐厅

酒店全日餐厅

酒店会议厅

酒店会歇区

酒店多功能厅

酒店客房

酒店大堂内景

宁波环球中心

工程档案
建筑设计：上海现代建筑设计（集团）有限公司
项目地址：浙江宁波
占地面积：17014m²
建筑面积：170000m²
容 积 率：8.16

项目概况
　　环球中心是集 5A 甲级写字楼和购物休闲中心为一体的综合建筑楼群，位于海曙区三江口，毗邻乐购超市与天一广场。环球中心由甲级写字楼、7 层商业裙房及 3 层的地下商业组成，有威斯汀大酒店 40 层，有酒店式公寓，写字楼，商铺。建成后将成为宁波、浙江乃至长三角南翼重要的地标性建筑和商务中心。

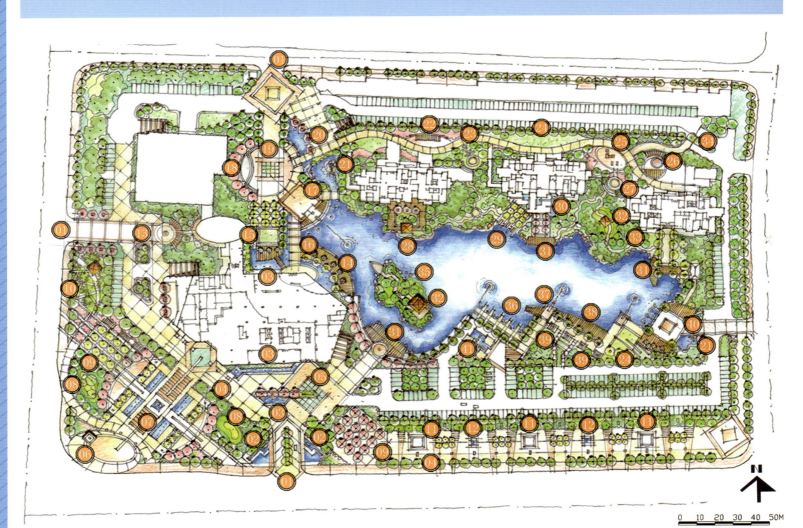

营 城 造 市
TOWN AND CITY CONSTRUCTION

商业

室外环境 ↑

酒廊、会议厅、泳池↑

中餐厅室内↑

套房室内↑

行政层、大堂、宴会厅↓

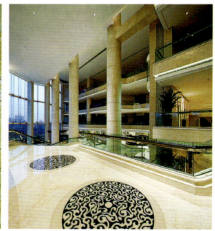

BUSINESS

营 城 造 市
TOWN AND CITY CONSTRUCTION

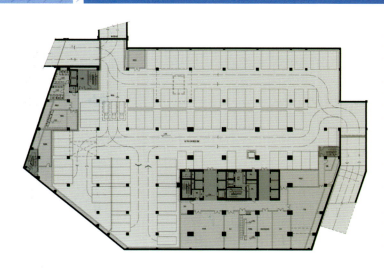

酒店地下二层平面图　　　　　　　　　酒店地下一层平面图

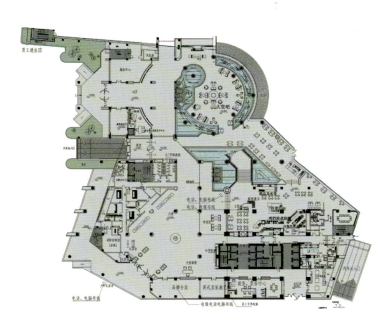
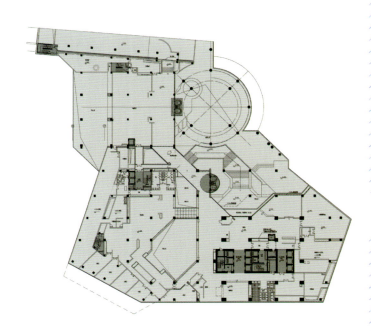

酒店一层平面图　　　　　　　　　　　酒店二层平面图

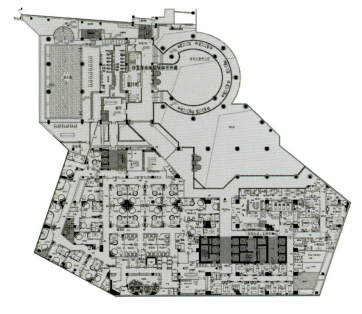
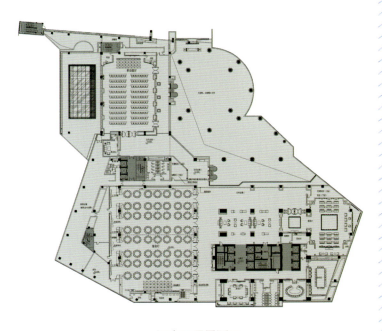

酒店三层平面图　　　　　　　　　　　酒店四层平面图

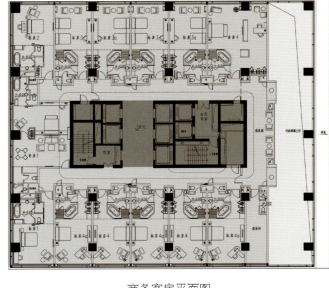

总统套房平面图

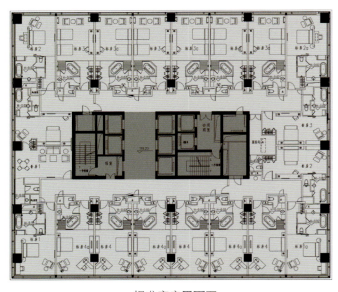

商务客房平面图

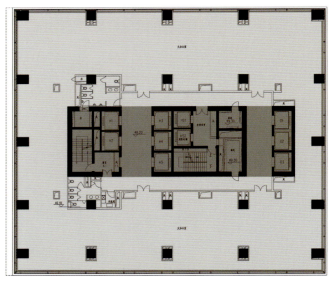

标准客房平面图

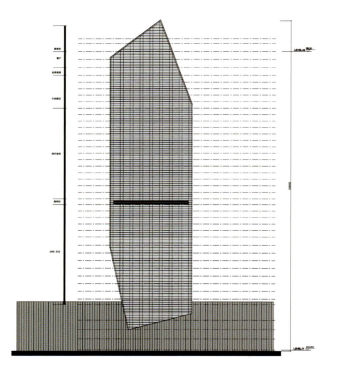

办公标准层平面图

南北立面图

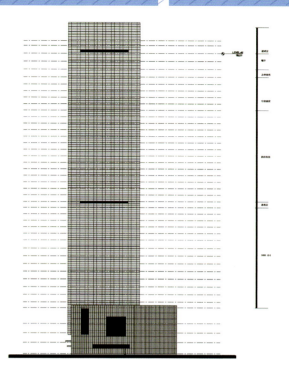
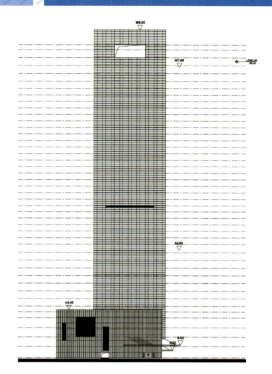

东西立面图

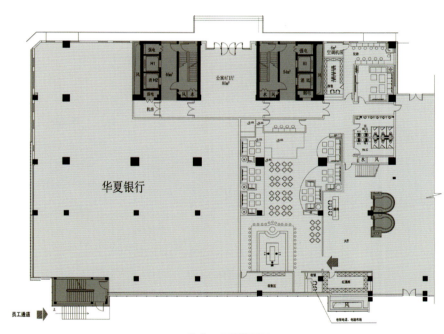

公寓一层平面图

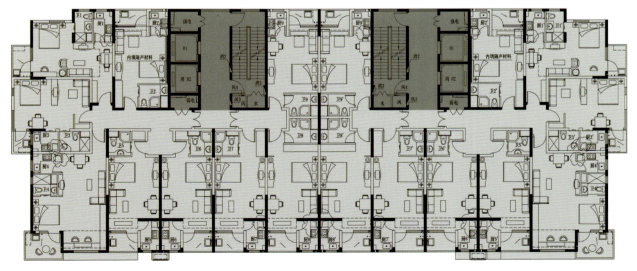

公寓标准层平面图

深圳国际农产品物流园

工程档案

建筑设计：上海现代建筑设计（集团）有限公司
项目地址：深圳
用地面积：303166m²
占地面积：158420m²
建筑面积：780963m²

项目概况

农产品交易物流园的基本功能划分为交易及仓储区、加工及物流区、综合及服务区、二期扩展区等四大区块。在这些区块中，交易及仓储区是整个物流园得以成立的基础，因此我们将其作为整个园区设计的核心，在各个部分功能发生干扰时，以保证交易区功能使用为前提。

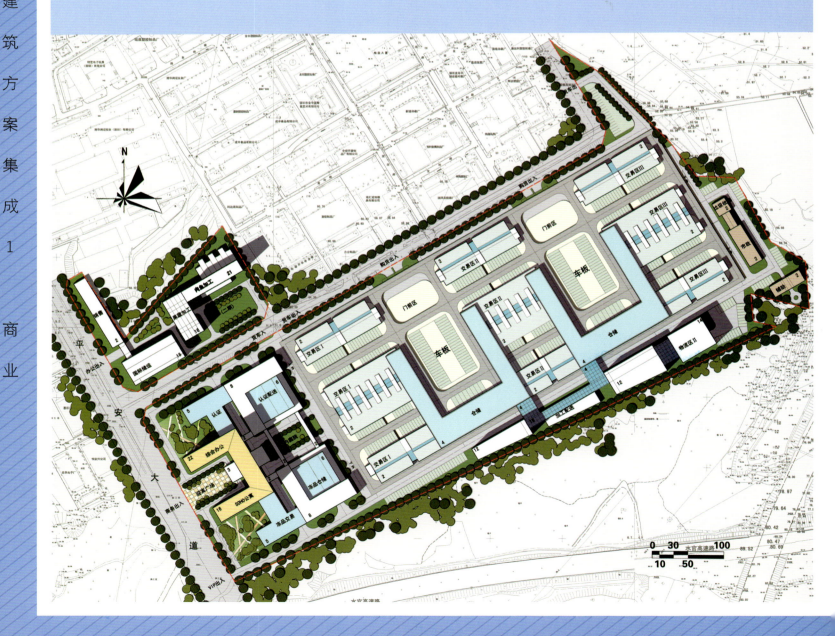

BUSINESS 营 城 造 市
TOWN AND CITY CONSTRUCTION

总体鸟瞰效果图

023

营城造市 TOWN AND CITY CONSTRUCTION

商业

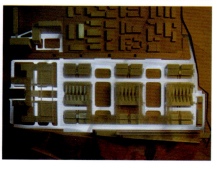

BUSINESS 营 城 造 市
TOWN AND CITY CONSTRUCTION

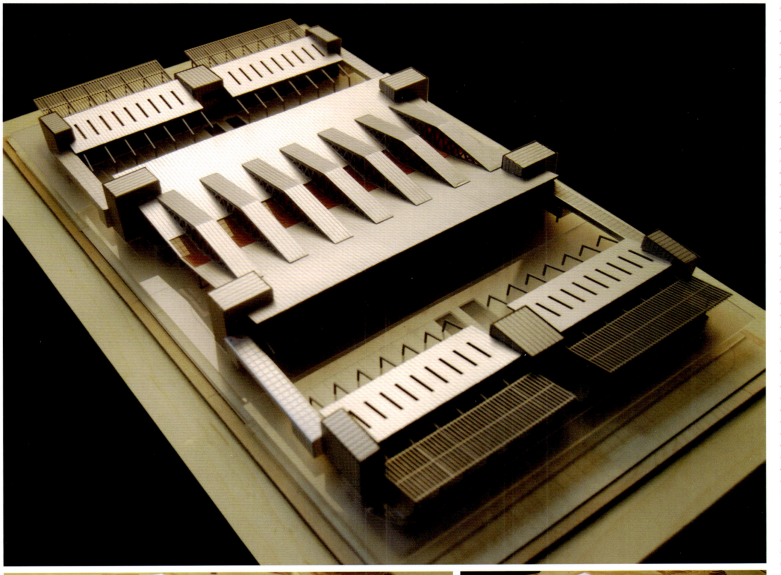

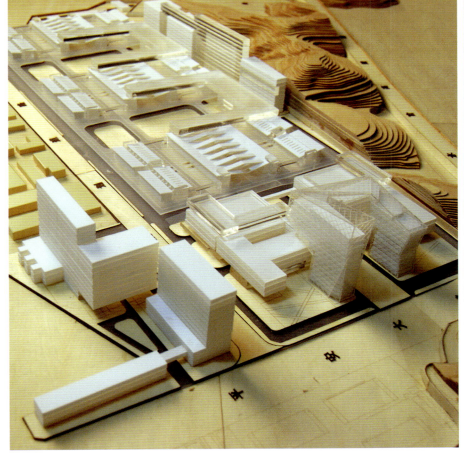

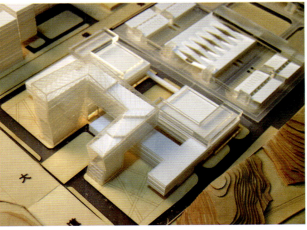

营城造市
TOWN AND CITY CONSTRUCTION

商业

主要功能分布原则

1. 创造物流园的最大价值是一种外显的要求。

2. 作为一个多水平、多维度交易体系，选择、取舍最主要功能片区是首要。

3. 交易中心的原则，是农产品物流园这一特殊产物的特征，影响物流园内人群的行为方式、手段的选择及其产生的结果。

REWARD
- 蔬菜批发
- 水果批发
- 土特产干货、副食品区
- 冻品批发区
- 物流与停车
- 仓储区
- 加工配送中心
- 认证农产品加工配送
- 生活服务区
- 综合服务大楼
- 国际储运代理
- 果蔬精深加工
- 鱼肉精深加工

SPIRIT

规划布局定位

1. 交易区是整个项目的主题，地块要求方正，并对城市交通有良好的衔接，同时，考虑到平安大道的城市定位，将交易区安排在内部平整地块为佳。

2. 综合服务区块是整个物流园区正常运作的基础保证，安排在平安大道一侧一方面可以使得功能更为独立，避免与交易区的相互干扰，使得物流园的城市界面更为完善。

3. 二期建筑存在的发展性决定了其布置于北侧不规则区域更为有利。

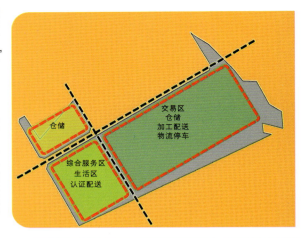

分区布局遵循原则：
外向型	兼容型	内向型
喧闹型	过度型	静逸型
开放型	混合型	封闭型

道路通行能力设计：

计算行车速度：高 — 低
可能通行能力：大 — 小

行车速度与通行能力成正比，保证高速可使道路容纳更多量的车辆。在车辆停滞时，道路将失去通行能力造成堵塞。

道路交叉口处理方法：

道路等级	道路交叉口类型			
	十字交叉		丁字交叉	
	无信号灯	有信号灯	无信号灯	有信号灯
主干道与主干道	—	4.4–5.0	—	3.3–3.7
主干道与次干道	—	3.5–4.4	—	2.8–3.3
次干道与次干道	2.5–2.8	2.8–3.4	1.9–2.2	2.2–2.7

单位：(千辆／小时)

有信号灯的十字交叉路口是最佳的交叉口处理模式，应该最大程度地避免丁字路口的出现，特别是缺乏信号灯的丁字路口。

交通流线设计原则：

→ 快速行驶
→ 慢速行驶

1. 单向环路设计：
单行道的设计可简化道路交叉口，使得重型车辆更方便到达目标建筑。

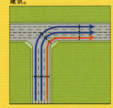

2. 主干道设计：
四车道平行设计，中间配置小型景观绿化带，承载供购货线路双重功能。

3. 次干道设计：
双向车道设计，两侧预留道路空间，方便重型车辆和拖车停靠及倒车。

4. 出入口：
将进口与出口分离，增加单位时间内货车通行量。设置半自动收费闸机口，统一管理。

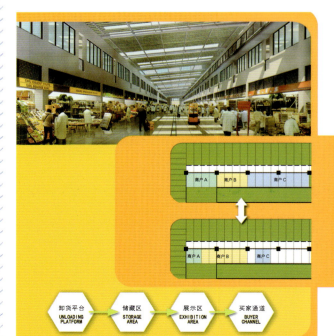

卸货平台 UNLOADING PLATFORM → 储藏区 STORAGE AREA → 展示区 EXHIBITION AREA → 买家通道 BUYER CHANNEL

交易区流程设计：

1. 交易建筑的柔性布局

交易建筑设计需要考虑买卖双方的联系平台，货物的卸载平台，及货物的堆放空间。

采用大空间及可变式的分布布置，更有利于流线的组织和未来交易面的拓展。

2. 交易建筑的长短边停车分区模式

供货车与购货车对停车区的使用时间和周期不同，因此必须对供货车和购货车的停靠进行区分设计。

购货车一般以中小型货车为主，其停靠利用交易建筑的短边进行集中式管理。

供货车一般以中长车为主，车辆转弯半径对场地有特殊需求，同时为了方便与档位的直接联系，采用交易建筑的长边停靠。

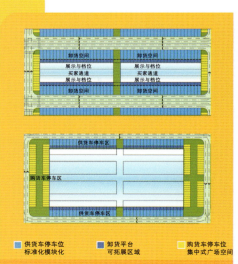

■ 供货车停车位 标准化模块化
■ 卸货平台 可拓展区域
■ 购货车停车位 集中式广场空间

BUSINESS

营城造市
TOWN AND CITY CONSTRUCTION

以交易为核心的理念

农产品交易物流园项目涵盖的建筑类型繁多，功能也各不相同，同时由于用地狭小，势必造成相互干扰。针对这些功能进行分析整合，将基本功能划分为：交易及仓储区、加工及物流区、综合及服务区、二期扩展区，其中交易及仓储区是整个物流园得以成立的基础。

核心

我们将交易区作为整个园区设计的核心
在各个部分功能发生干扰时，我们以保证交易区功能使用为前提，这也就是我们所说的以交易为核心的设计理念。

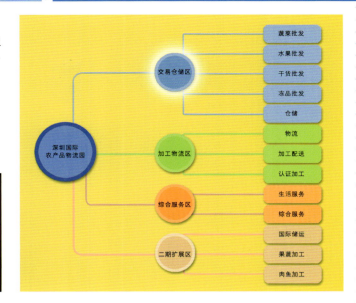

功能块	内容	关注级别
交易及仓储区	蔬菜批发区、水果批发区、干货批发区、冻品批发区、仓储区等	★★★★★
加工及物流区	认证加工配送区、加工配送区、停车及物流区等	★★★★
综合及服务区	综合服务楼、生活服务区等	★★★
二期扩展区	国际农产品储运代理、果蔬精深加工区、鱼肉精深加工区等	★★

三个体系的系统概念

针对这种复杂的项目设计，我们考虑加强体系化概念，使整个方案在一个综合框架下运行，保证整个设计思路的连续性和完整性。

A、交易区模块化单元体系。交易区是整个园区内，最复杂也是最具特色的建筑类型，我们根据其特点，设计模块化的单元体系，以单元体的形式展开整个交易区建筑，并非依照固定的批发类型设计。这种思路既可以方便批发区的灵活使用也为分期开发及后续拓展提供了有利的条件。

B、功能块系统性层级体系。我们将彼此相关的功能相互整合，形成功能块。将这些功能块相互独立分开设计。这样既保证了不同功能之间的相互独立，也提高了有功能联系的功能间的项目联系和互动，形成功能块高级层级相互独立，低级层级相互联系的层级体系概念。

C、交通线独立式复合体系。交通组织的成败是整个方案的决定性因素，因此，我们将交通组织设计作为整个设计的重点。各种类型的交通线路各自独立，形成系统，在最少干扰的前提下，设计两层的主要交通线路。将主要交易交通线路限定在两个层面内解决，提高交易区的交易可达性，达到以交易为核心的设计理念。这种功能流线独立，同类流线复合的组织模式也就形成了。

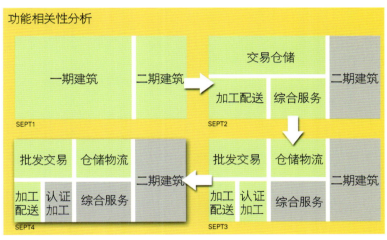

场地功能分析

整个基地东西长，南北短，并且有一条规划道路将用地的一部分独立出来，使原本复杂的基地环境更加难于处理。基地南面的山地坡度较大，北面相对平整。我们根据用地各方面条件的不同，将其划分为A、B、C、D四块性质不同的用地。

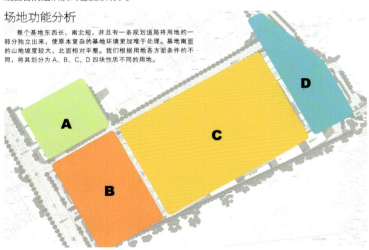

功能区块分析图

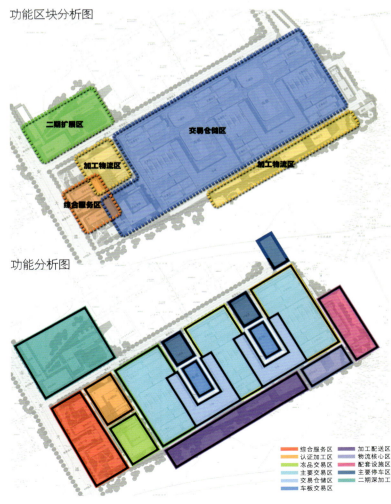

空间高度控制

功能分析图

营城造市
TOWN AND CITY CONSTRUCTION

商业

规划结构分析

整个园区的一期建筑沿东西向主轴展开，轴线西起综合及服务大楼，经过认证加工、冻品交易、主交易区等功能区形成"链状"结构。园区的功能设计围绕交易及仓储区展开，形象设计以综合及服务区为龙头进行。两条系统各自独立，构成了我们的主要规划结构。

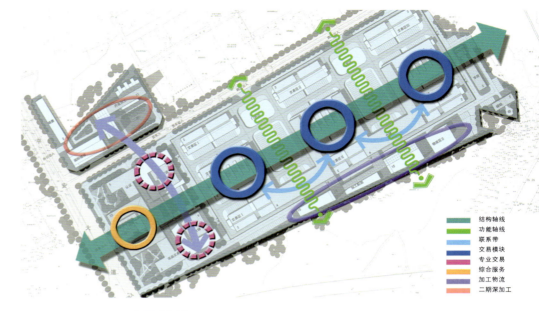

交通分析↓

外部交通因素
与基地相关联的唯一城市干道是西侧的平安大道。它的设计标准是50米双向4车道。间接连接东面的盐排高速公路，南面的水官高速公路。
园区与外部快速交通的衔接问题上，创造条件使得基地能最便捷的介入周边多条高速公路时最佳方案。

内部交通体系
依据交易区交通需求，梳理复杂交通，通过出入口、外环路、主干道、次干道和停车区等组成完整的道路交通体系。

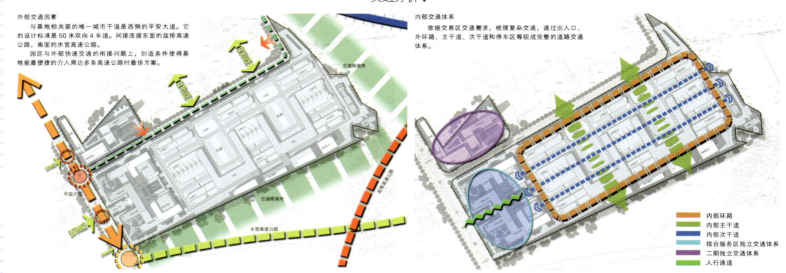

流线分析↓

送货通道：首层
根据首层交易量的规模，在大量的货物、短时的周期、中等的速度这几点中寻求平衡，使得送货卡车能以最高速率送达园区内每个档位，而不干扰购货车辆。

送货通道：二层
规则而通达的送货通道与采购通道分开设置，保证了送货车辆行驶的通畅性与高效性。

人行及乘用车通道
主要考虑园区内的综合管理人员与交易模块的车流避免相互影响，对人行道路进行了单独的设计，以景观礼仪广场聚集人群，并及时引入综合体块内进行分流。同时，对普通乘用车采用统一管理，由独立的外部环路疏散及导入地下车库。

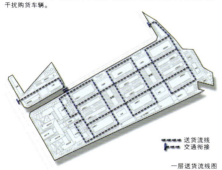

一层送货流线图

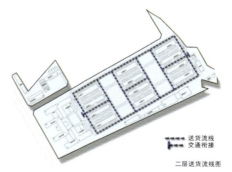

二层送货流线图

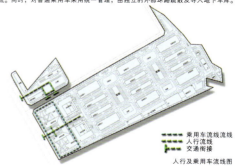

人行及乘用车流线图

采购通道：首层
可以通过园区主要环路最便捷的到达园区内任何交易模块。首层是交易量最大的区域，保证道路通畅的同时，控制每条车道的通行性质和速度，与送货车辆分流行驶，互不干扰。

采购通道：二层
在采购车辆驶入二层后可以依据简单明了的导向标志，通过中部环道到达二层交易模块的采购区域，同时，二层巧妙的利用架空和连廊的方式，增加空间趣味性，体验与首层不同的交易愉悦感。

停车分析
交易区停车采用集中与分散两种模式。集中停车：货运车辆的停车主要位于入口主干道区域，混合停车，兼做车板交易区。电瓶车采用室内集中停车库形式。分散停车位于交易模块的不同边侧，双向行驶车道贯通，停靠卸货互不干扰。
非交易区车辆通过出入口的统一管理，园区内的乘用车及小轿车不进入交易区，主要集中停放在交易区外的西侧地块，满足非交易功能的停车需要。

一层购货流线图

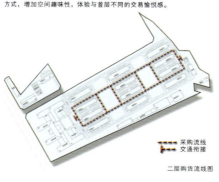

二层购货流线图

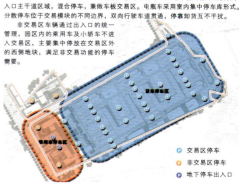

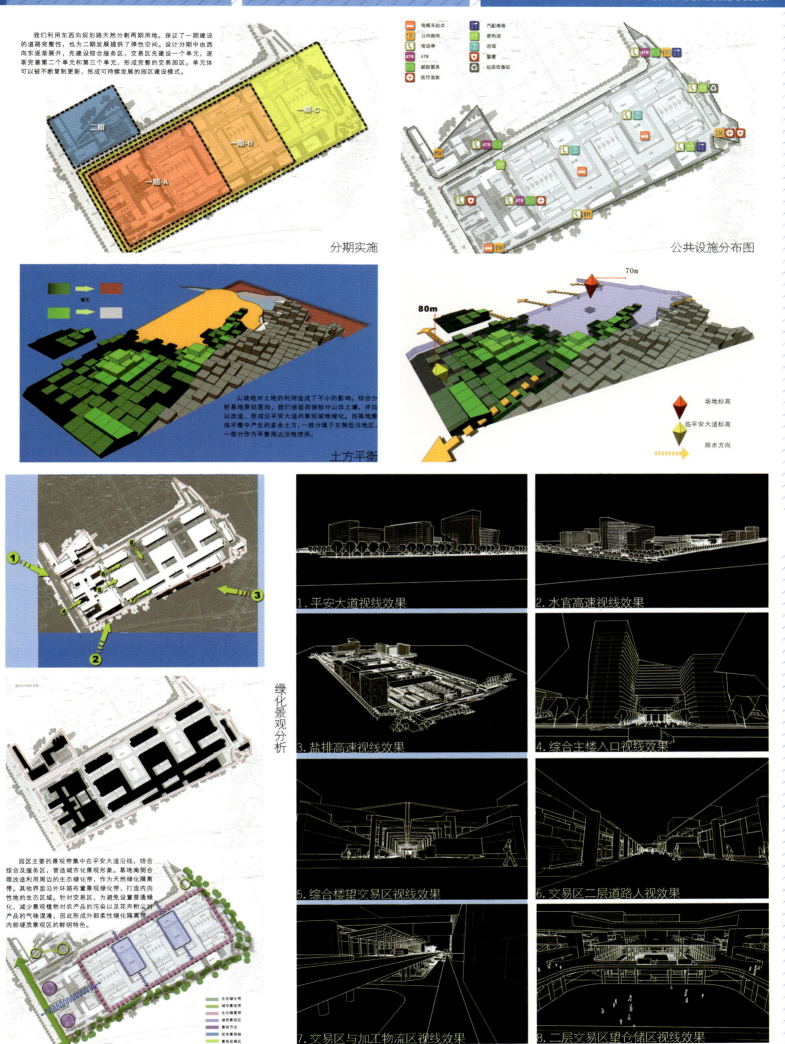

营 城 造 市
TOWN AND CITY CONSTRUCTION

商业

空间组织

我们在用地范围允许的情况下，最大限度拓展一层的交易面积。形成60%的交易在一层解决，40%的交易在二层解决的格局。二层安排便捷的上下交通，同时设计大小各异的天井和庭院，提升一层空间品质。

仓储部分安排在交易单元之间，是与车板交易区共同串联交易基本单元的联系模块。这种模块以停车区、车板交易区以及仓储单元组成，主要仓库架空设计于交易区上方，车板交易区在非交易时段也可转变为仓储区或停车区和回转缓冲区。

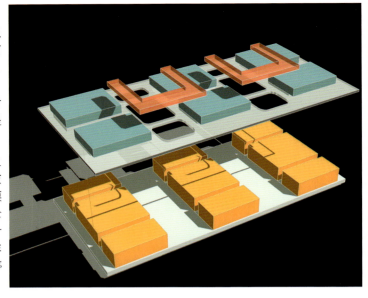

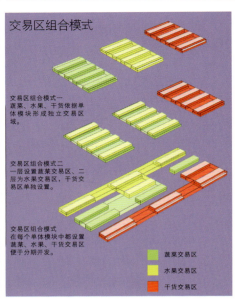

交易区组合模式

交易区档位组合方式

交易区屋顶平面图

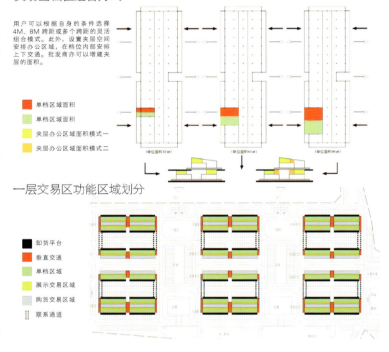

一层交易区功能区域划分

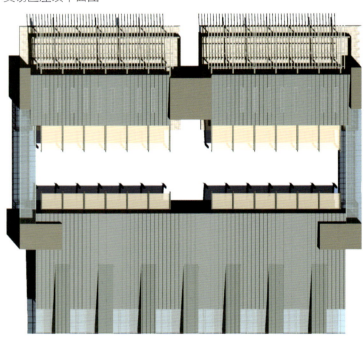

交易区一层平面图

交易区一层夹层平面图

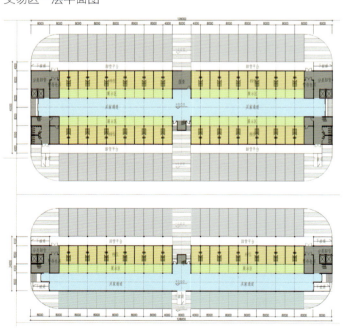

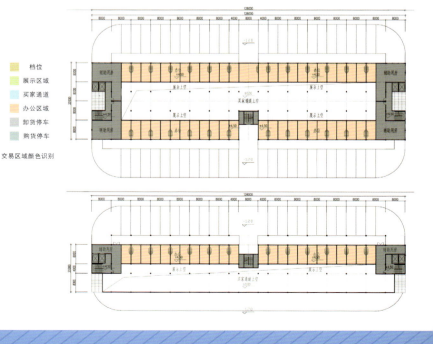

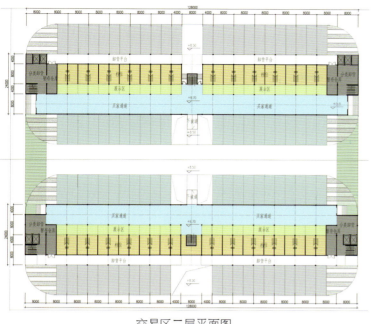

交易区二层平面图

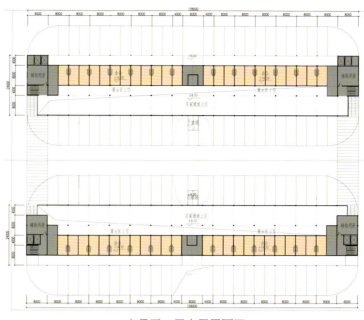

交易区二层夹层平面图

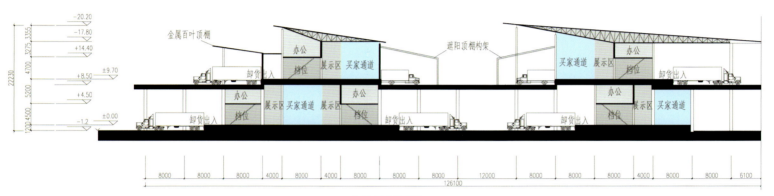

交易区剖面图

交易区正立面图

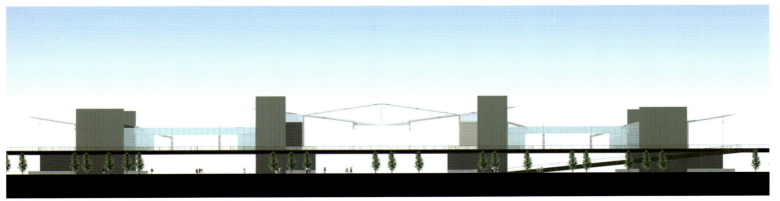

交易区侧立面图

营城造市
TOWN AND CITY CONSTRUCTION

商业

综合服务功能区分布

综合服务管理与配套生活综合大楼是整个物流园的重点与标志性建筑，在规划中安排在基地靠平安大道西侧中路。

功能区块上，北面和西面为综合服务主楼，南面为公寓服务楼，东西低区安排接待服务和会展功能，提升整个园区品质，扩大物流园影响力。

在其西侧沿平安大道设置主要出入口，形成入口广场。围绕入口广场安排三个主要出入空间：北入口直接进入办公综合区，南入口直接进入公寓区，东入口进入会展接待区。

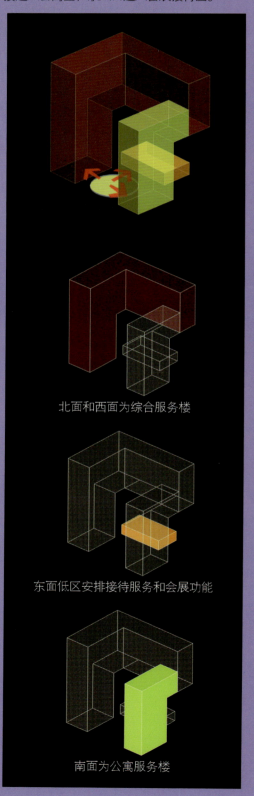

北面和西面为综合服务楼

东面低区安排接待服务和会展功能

南面为公寓服务楼

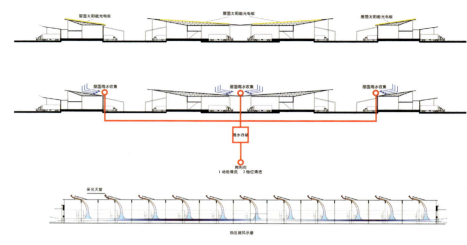

节能及环保示意图

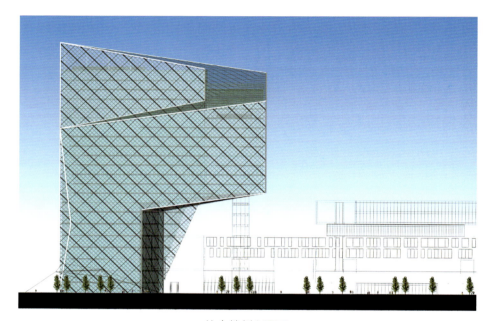

综合楼侧立面图

综合楼一层平面图

综合楼二层平面图

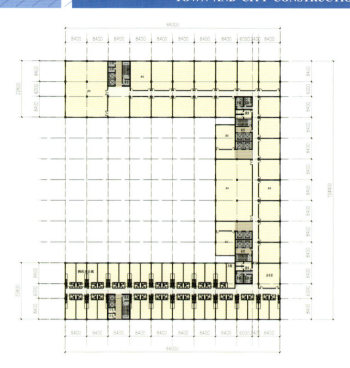
综合楼标准层平面图

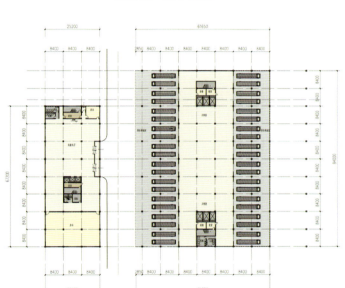
冻品交易楼一层平面图

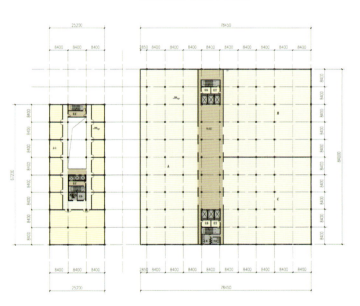
冻品交易楼二层平面图

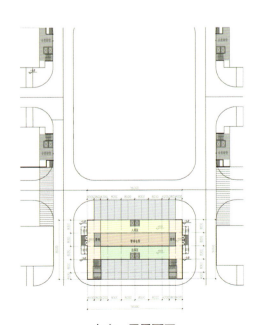
仓库一层平面图

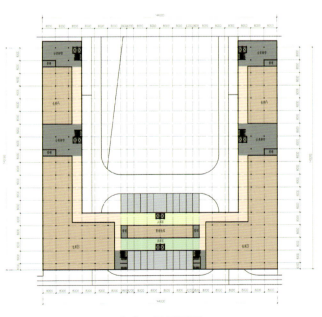
仓库二层平面图

贵阳国际会议会展中心城市建筑综合体

工程档案

建筑设计：华阳国际设计集团
项目地址：贵阳市金阳区
用地面积：总图设计 51.8hm² （总规划 120.6hm²）
建筑面积：88.8hm²
建筑高度：201m
容积率：1.76

项目概况

贵阳国际会议展览中心项目位于贵州省贵阳市金阳新区迎宾路以南，观山东路以北，长岭北路以西，紧临贵阳市市政中心，西侧拥有原生态景观的观山公园。由中天城投集团投资建设。做为一个以会展会议为核心的城市综合体开发项目，其占地51.8hm²，集会展中心、会议中心、总部办公、五星酒店、SOHO办公和公寓、商业、餐饮和文化娱乐等功能于一体。

规划布局

项目以"生态筑成－会通天下"、"山水会展－原乡国际"作为规划主题，以一心、两轴、四片作为总体规划结构，共分A、B、C、D四个区，共14个建筑子项。其中，会展中心约13万平方米，会议中心约6.5万平方米，总部办公约5.1万平方米，五星酒店约7万平方米，SOHO公寓和办公约18.5万平方米，各种形态商业合计30万平方米，地下车库13万平方米。与该项目紧邻的南北用地，均规划设计为会展居住小区。项目本身深刻体现了多种要素之间的统筹运行于良性互动。将基地内各类复合功能空间，按照城市街区的设计原理和城市活动特征，进行有效生动的城市空间组合。因此，"贵阳国际会议展览中心"项目是一座大规模的、以会展会议为依托的城市综合体建筑。它的建成不仅将成为贵阳对外经贸活动的重要窗口，同时它也将成为激活金阳新区城市生活的舞台。

集中商业区↑　　201 大厦↓

营 城 造 市
TOWN AND CITY CONSTRUCTION

商业

会议中心↓

BUSINESS 营 城 造 市
TOWN AND CITY CONSTRUCTION

会展中心

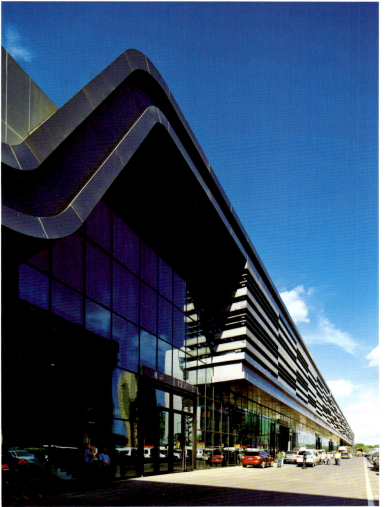

SOHO 区

风情商业街

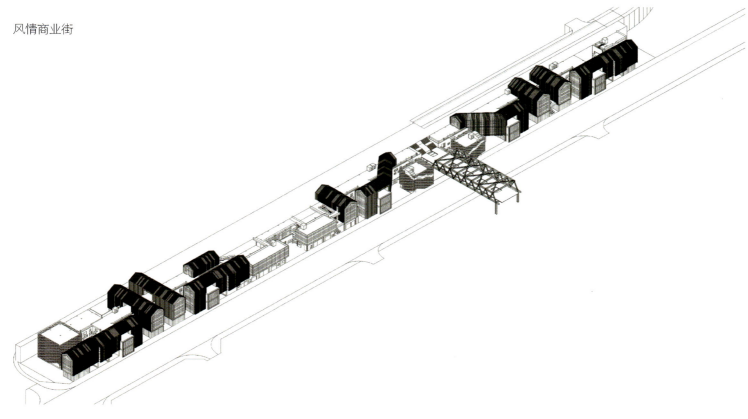

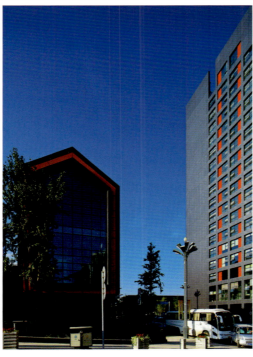

绍兴世茂新城

工程档案

建筑设计：上海现代建筑设计（集团）有限公司
项目地址：浙江绍兴
占地面积：50hm²
建筑面积：113hm²
建筑功能：商业、酒店、会所

项目概况

　　本项目地处浙江省绍兴市市区的东北部，位于规划建设的绍兴市CBD迪荡新城内，是绍兴城市拓展和居住转移的直接受益者和推动者。本项目把充满活力的城市设施、优美的休闲场所、宜人的居住环境融为一体，依托迪荡湖公园，沿水面形成高尚居住区、核心商贸区和酒店商务区，从而积聚人气，成为整个迪荡新城最富活力的区域，迪荡新城的核心区。

BUSINESS 营城造市
TOWN AND CITY CONSTRUCTION

设计理念

本项目将居住、商贸、办公、文化、休闲、娱乐等功能体围绕在水面周围，使其成为一个大型水上主题为特色的居住商业商务综合区，在各滨江带设计建造大型亲水商业、商务设施，建设成为长三角地区，乃至整个中国独一无二的融居住、商业、商务于一体的水上新区。

绍兴的商业分布主要在老城区，即有解放路、胜利路、人民路、中兴路为轴的"井"形商业中心，该中心集中了绍兴当地最多、最大、最高档的商业设施，是绍兴商业的中心所在。

水，是本项目的灵魂，将水景引入到商城、商铺、购物中心内部，内外景互动，使得消费者在购物及休闲娱乐的同时，可以欣赏到迷人的景色，体验现代生活的惬意。

营城造市
TOWN AND CITY CONSTRUCTION

商业

购物广场

商城中庭

综合商业区

商城入口

BUSINESS 营城造市
TOWN AND CITY CONSTRUCTION

购物商场

购物市场

超市

营城造市
TOWN AND CITY CONSTRUCTION

商业

一期住宅效果图

二期住宅效果图

营城造市
TOWN AND CITY CONSTRUCTION

商业

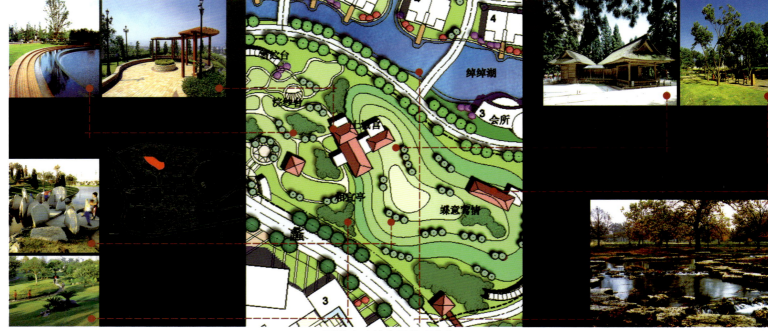
西施山遗址公园景观意象

住宅区景观意象

酒店区景观意象

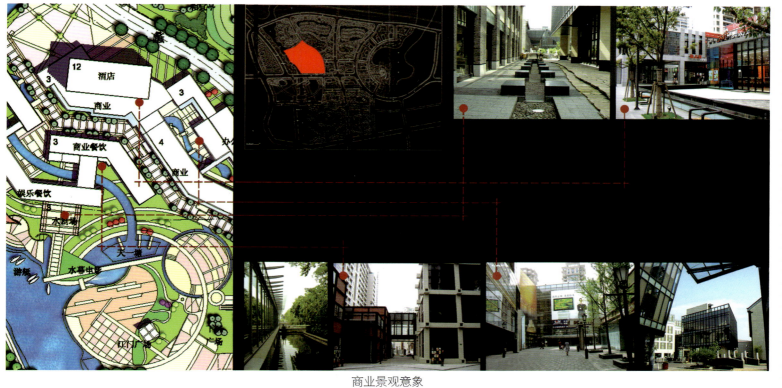

商业景观意象

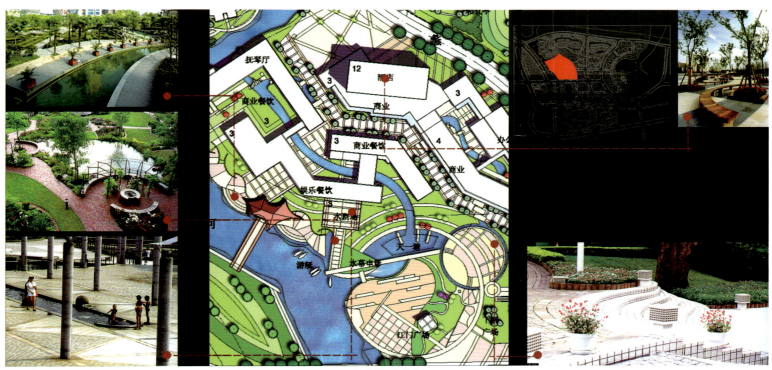

商业景观意象

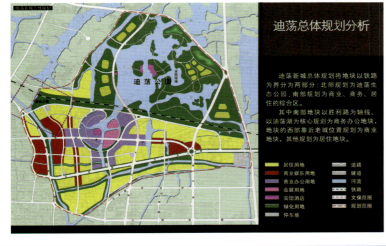

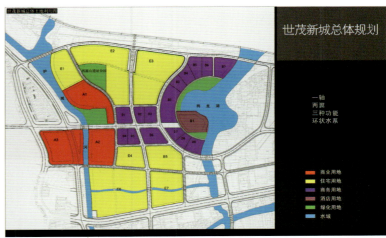

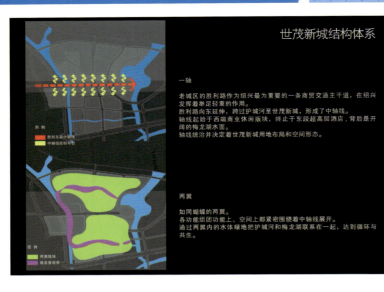

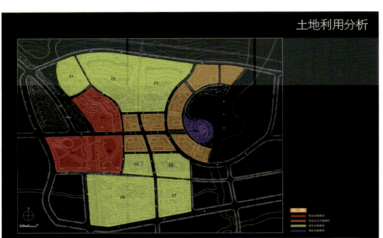
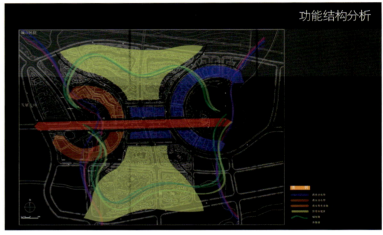
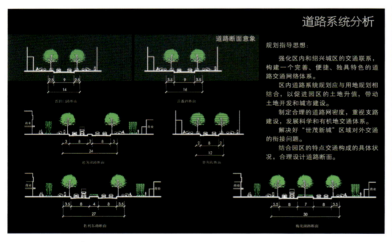
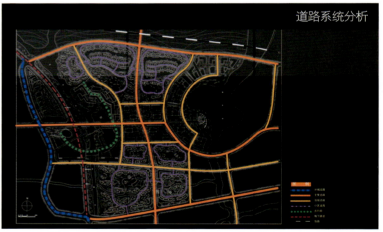

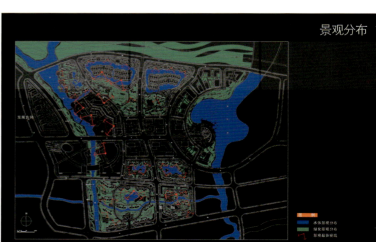

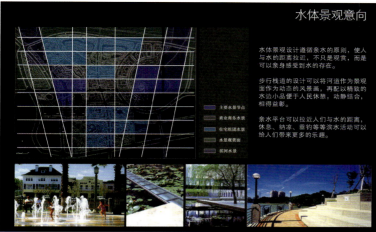
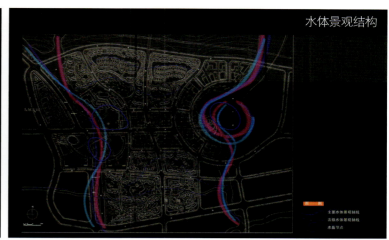

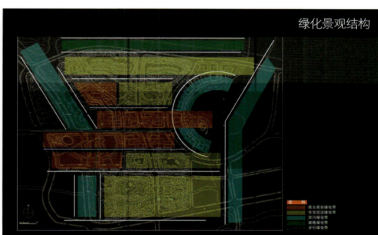
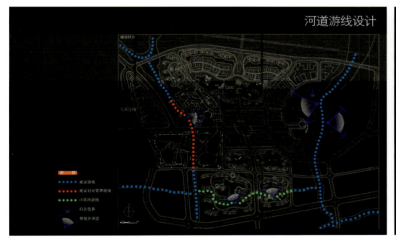

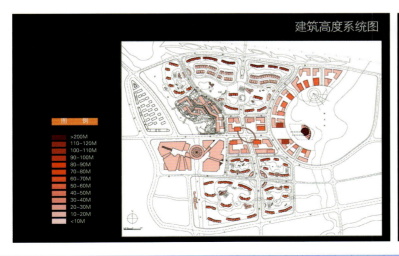
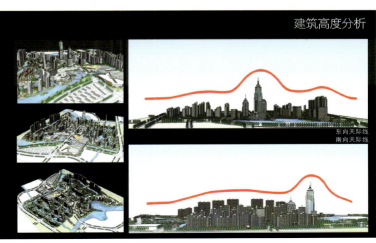

营城造市
TOWN AND CITY CONSTRUCTION

商业

迪荡湖路纵剖面设计

南部住宅区旅游航道桥梁设计
旅游航道从南部住宅地块穿过，所以需在此布置一座双车道桥梁，以满足迪荡湖路的通车需要。桥的设计高度满足旅游用船（乌篷船、汽艇）的需要。

迪荡湖路北部地下隧道设计
迪荡湖路下穿部分是这次规划中考虑的重点部分，道路下穿，既可以减少其对东西两侧住宅的影响，还可以将隧道上部连为一体，营造山体公园，给居住组团提供更多的游憩空间。

铁路筑坡设计
为了使铁路对住宅区的噪音干扰降到最低，特筑起土坡将铁路包于其中，既可以提高居住环境，而且绿坡可以将绿化很好的延伸到北部的迪荡湖公园。

路线分析

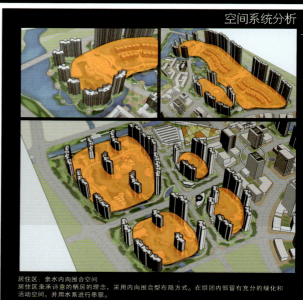

分期开发

空间系统分析

居住区：亲水内向围合空间
居住区秉承诗意的栖居的理念，采用内向围合型布局方式。在组团内部留有充分的绿化和活动空间，并用水系进行串联。

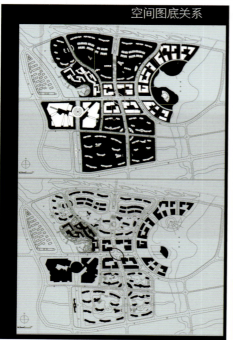

空间图底关系

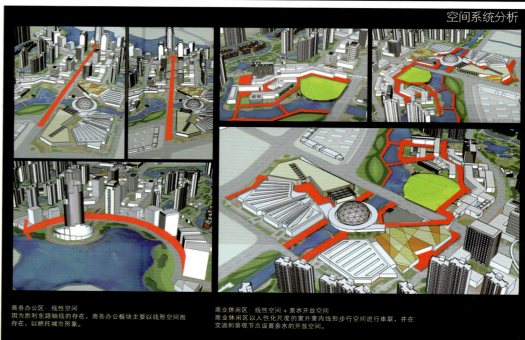

空间系统分析

商务办公区：线性空间
因为胜利东路轴线的存在，商务办公板块主要以线形空间而存在，以烘托城市形象。

商业休闲区：线性空间 + 亲水开放空间
商业休闲区以人性化尺度的室外室内线形步行空间进行串联，并在交通和景观节点设置亲水的开放空间。

BUSINESS

营城造市 TOWN AND CITY CONSTRUCTION

模型照片

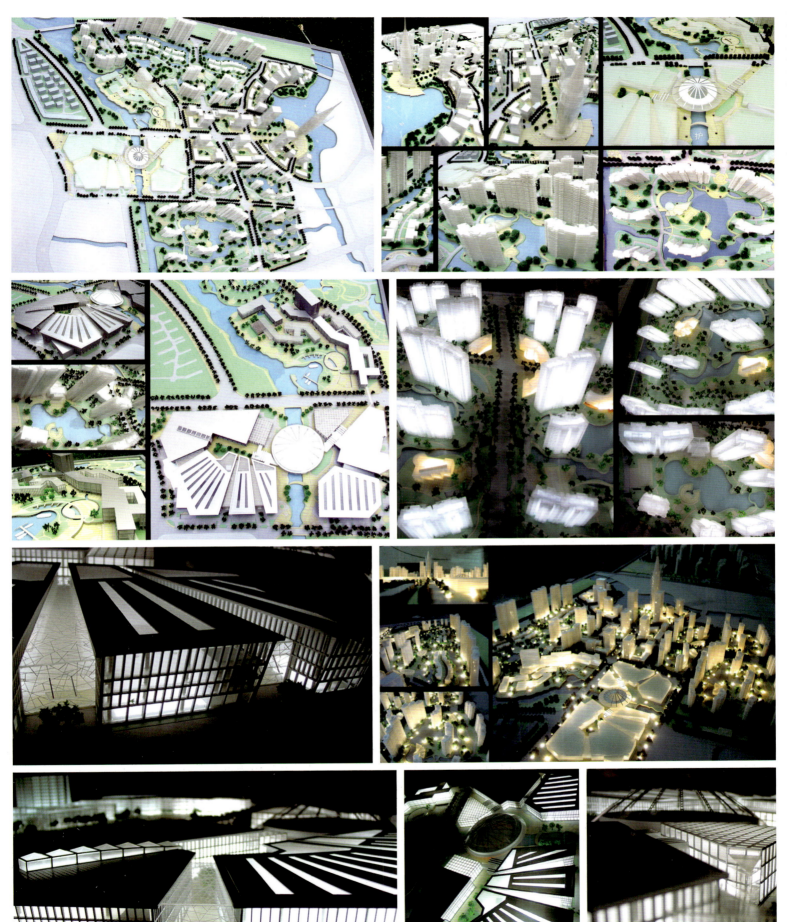

营城造市
TOWN AND CITY CONSTRUCTION

商业

规划空间透视图

BUSINESS　　　　　　　　　　　　　　　　　　　　　　　　　　　　　　营 城 造 市
TOWN AND CITY CONSTRUCTION

立面图

053

长城笋岗城市综合体

工程档案

建筑设计：华阳国际设计集团
项目地址：深圳
用地面积：66500m²
建筑面积：371000m²
建筑高度：150m
容积率：5.57

项目概况

设计概念具备多重意象。车流、人流、物流的逐级递减是商业流的内在逻辑。水疗是治愈商业恐高症的良方，车流上行与空中停车场催生的瀑布型商业使多首层叠加得以可能。人流的路径与闸口至关重要，成功的商业理应是人乐在其中的迷宫和收放自如的容器。漩涡是水中的飓风，涟漪是水中的星云，生产－消费是生存的两个面相。"一石激起千层浪"，即使建筑形态的描摹，又是美好的祝愿，更是我们对城市的承诺。

BUSINESS 营城造市
TOWN AND CITY CONSTRUCTION

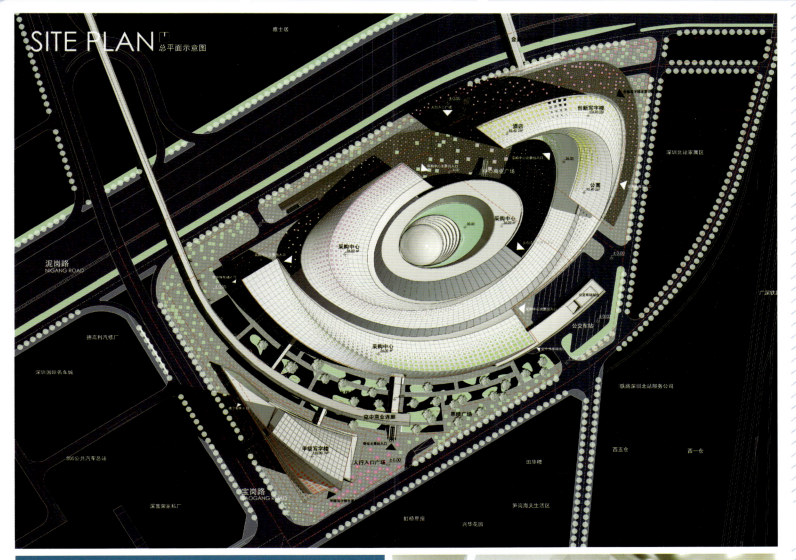

SITE PLAN 总平面示意图

055

天津金融城津湾广场一期

工程档案

建筑设计：天津市建筑设计院
项目地址：天津
用地面积：4.9hm²
地上建筑面积：8.3hm²
地下建筑面积：6.7hm²

项目概况

津湾广场位于海河优美的凸岸南侧，处于昔日法租界内"东方华尔街"——解放北路的北端起点。本方案为一期工程，占地4.9万平方米，地上建筑面积约8.3万平方米，地下6.7万平方米。业态包括商业、餐饮、娱乐、剧场、影院等。它的设计和实施意在提升具有百年历史的法租界金融区功能，拉动旅游经济，现已成为天津新的标志性建筑群。

方案从城市设计角度出发，充分尊重了已有的城市环境，力求塑造错落有致的城市景观和天际线。在建筑设计的同时也考虑了基地内外的公共活动空间，沿河阶梯状的亲水平台为人们的亲水活动创造了多种可能，突出了滨水特质和公共岸线活力。广场与亲水平台通过一期建筑间的两条廊下空间相连，将津湾广场各建筑之间，建筑群与城市空间之间紧密连接，形成从开敞到半封闭再到开敞的节奏明显、张弛有序的活动流线，成为基地内乃至区域内最具活力的公共活动场所。

津湾广场所在的解放北路是一条具有百年历史的金融老街，两侧聚集了金融机构、政府办公、高档酒店等大型风貌建筑，是近代天津的建筑文化缩影。因此建筑设计在考虑功能的同时，更加注重海河沿岸建筑风格的和谐与法式风貌的延伸，力求使建筑尺度和体量延续解放北路的法式风貌。

营城造市
TOWN AND CITY CONSTRUCTION

商业

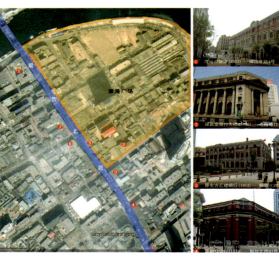

周边环境分析图

分期规划图

色彩分析图

公共活动空间分析

津湾广场的建筑设计在考虑功能的同时，更加注重海河沿岸建筑风格的和谐。为此临近海河的一期建筑在设计中延续历史街区风格，遵循统一设计导则，统一建筑高度、色彩和材质，创造出统一多样的商业建筑群。

天津金融城津湾广场一期工程以其层次分明风格独特的建筑和优美的沿河景观为天津增添了一抹亮色，更给市民提供了一处休闲娱乐的精彩去处。它的实施打造出具有天津特色的城市新地标，为历史风貌街区注入了新活力。

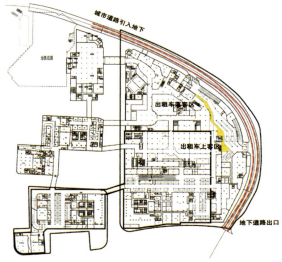

交通分析图

地下交通分析图

津湾广场所处地段是城市交通的交汇点，地铁三号线和6条公共交通路经此地。在道路规划中延续了窄路密网的历史街区城市肌理，与基地内外主要道路想通，保证机非分行。一期建筑、亲水平台与观演广场间由商业步行街相连，形成安全，多样的室外人行流线。

为了使海河与建筑取得更好的互动，我们将建筑与河之间的张自忠路在A座与E座间引入地下，一方面避免了城市交通对沿河景观的干扰，创造地上亲水平台；另一方面在地下设置了专门的出租车落客区和货物装载区，紧邻津湾一期地下一层的大型商业设施，提升地下商业品质，避免地上交通拥堵。

BUSINESS

营城造市
TOWN AND CITY CONSTRUCTION

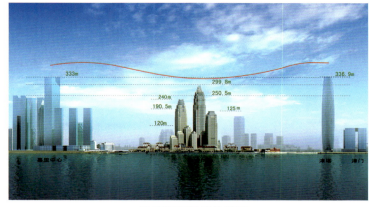

垂直海河方向的三个层次分析图　　　　　　　　沿海河天际线分析图

第一层次

第一层次为沿河的 5 幢多层建筑，建筑檐口高度控制在 21.95m，与基地内保留建筑百福大楼的檐口高度取得一致，新老相融。

第二层次

第二层次为两幢高度在 80-100m 之间的高层，承上启下，在第一和第三层次之间构成平稳过渡。

第三层次

第一层次
第二层次
第三层次

层次分析图

第三层次为三幢拟建超高层建筑，高度分别为 124m，240m 和 299.8m，成为海河精彩的底景。

A 座：共六层（局部二层），建筑面积为 7716m²，建筑西侧与保留建筑"百福大楼"相连接，主要功能为餐饮、商铺及地铁集散厅。

剖面图

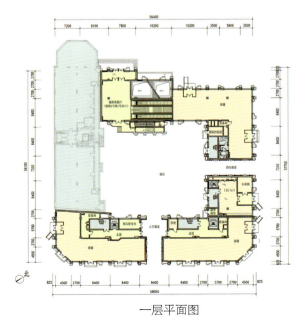

一层平面图

B座 共七层（局部四层），建筑面积34528m²，主要功能为商务餐厅、商务娱乐、商务SPA。

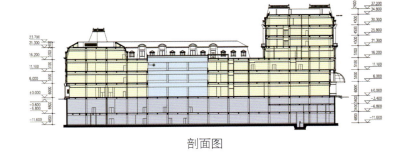

剖面图

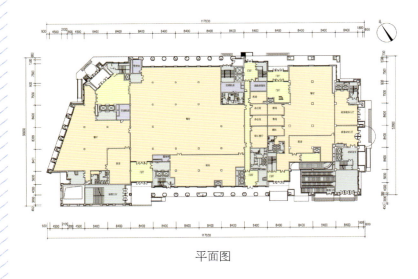

平面图

C座：共四层，建筑面积11934m²，主要功能为1000人剧场。剧场等级为中级丙等，舞台为机械式升降舞台，并设两个侧台表演区。

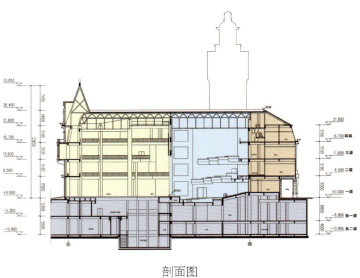

剖面图

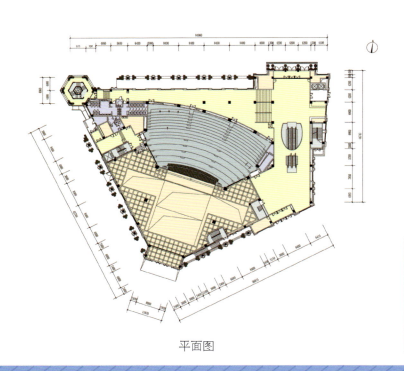

平面图

BUSINESS

营 城 造 市
TOWN AND CITY CONSTRUCTION

D座：共七层（局部四层），建筑面积为15812m²，主要功能为餐饮。

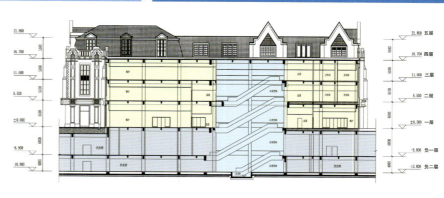

剖面图

平面图

E座：共七层（局部四层），建筑面积为24945m²，主要功能为餐饮、影院、健身等，将大量人流引至广场最末端。

平面图↑

剖面图↓

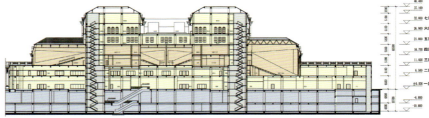

061

深圳南油购物公园

工程档案

建筑设计：华阳国际设计集团
项目地址：深圳
用地面积：126900m²
建筑面积：491027m²
容 积 率：8.48

项目概况

本项目用地位于深圳南山商业文化中心区域紧邻的城市核心地段，道路的交错，宣泄的楼宇，繁忙的车流与自然的宁静形成着鲜明的对比。建筑用地约49hm²，高度150m，具备商业、办公、公寓、旅游社区等功能。

设计理念

首先出于对自然与城市之间张力关系的判断，二者之间始终存在着此消彼长、相互侵蚀的态势。所以在设计上选择了自然有核心"外爆"的方式。一次对自然能量的记录，由爆发到凝固，向外涌出的地面积聚了巨大的能量。在边界地带因受到建筑群的阻滞，进而向上延展，凝固为升起的绿色景观，形成了内低外高的碗状格局。

垂直体量后面拖曳的尾翼，在最大限度的向城市外延扩展的同时，吸纳了城市肌理向用地核心的渗透。之后人得以进入，在这一片绿色自然能量集聚的地带，形成了以商业、办公、居住、旅游等为主的绿色生态综合社区。故从概念的根源来讲，自然与环境是优先于人进入这片土地的，自然是这里的主人。这里要做的不是人与自然之间一方对一方的驯服，而是两者之间的相互尊重。

公园景观和建筑融为一体，他们是同一理念下的正反两个面，景观与建筑之间产生了一种新的地形学的三维模式，它们形成了一个复杂而统一的网络，同时也是一个活跃的系统。它缝合了城市的空白区域，也可以对城市的变化做出反应，适应城市发展的需要。

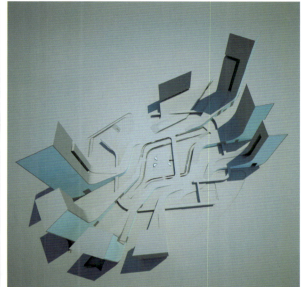

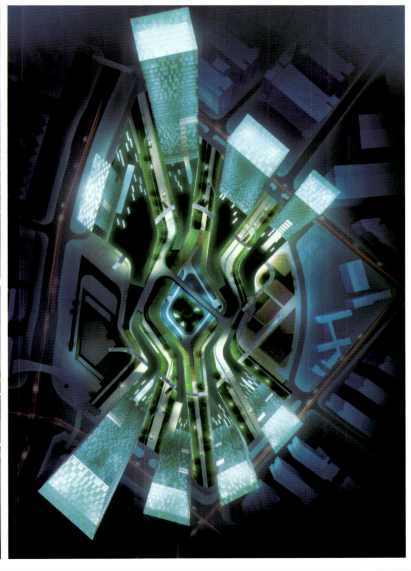

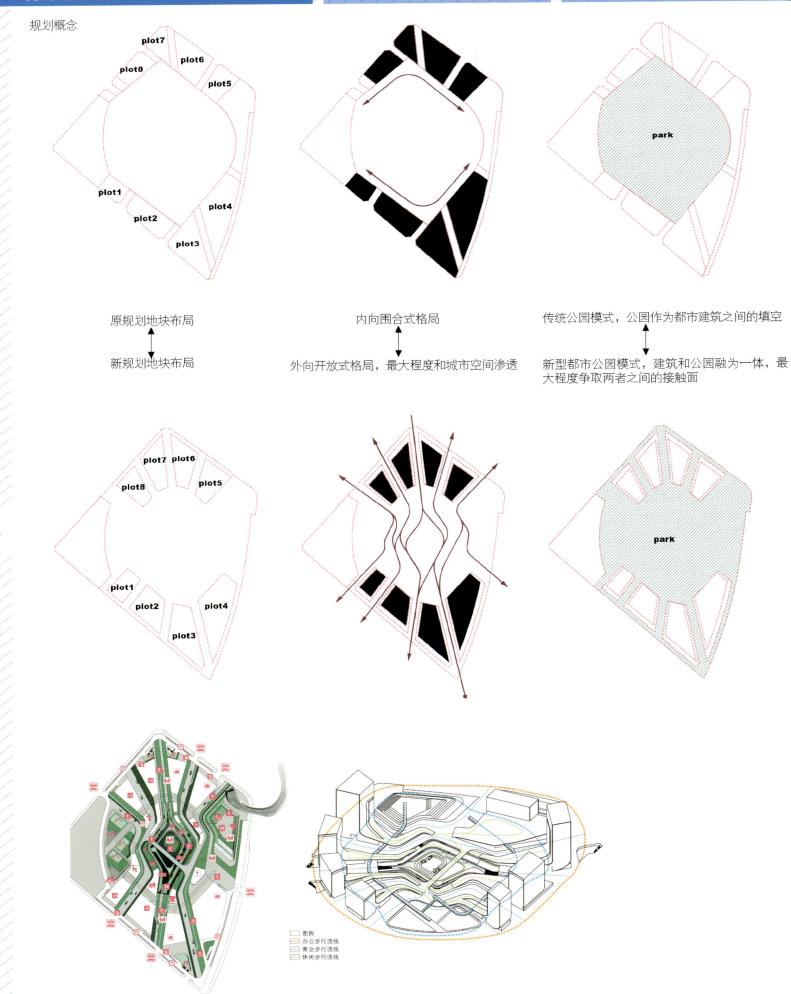

规划系统分析图

规划控制网络

步行系统

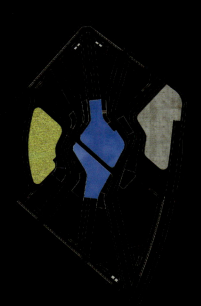
主题广场

主体建筑

空中展廊

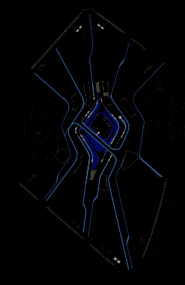
水景系统

绿化系统

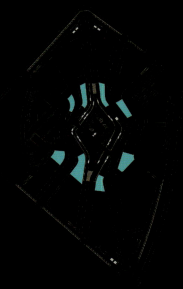
公园主题公共活动空间

常州科教城滨水服务区规划

工程档案
建筑设计：南京长江都市建筑设计股份有限公司
项目地址：常州市武进区科教城
用地面积：78998m²
建筑面积：89608m²
容 积 率：1.13

项目概况
本项目强化科技园区特有的具有滨水特色和生态野趣特征的滨水服务区，从而打造园区核心，营造休闲群落，形成集餐饮、酒吧、休闲、娱乐和酒店与一体的传统与现代相结合的特色街区。

BUSINESS 营城造市
TOWN AND CITY CONSTRUCTION

营城造市
TOWN AND CITY CONSTRUCTION

商业

商业街区分析

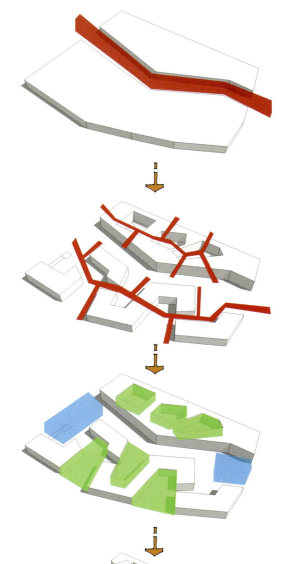

主街

巷道

内院与广场

空中连廊

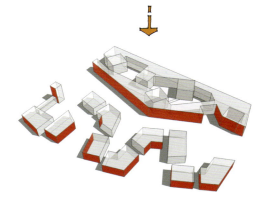

景观优势面

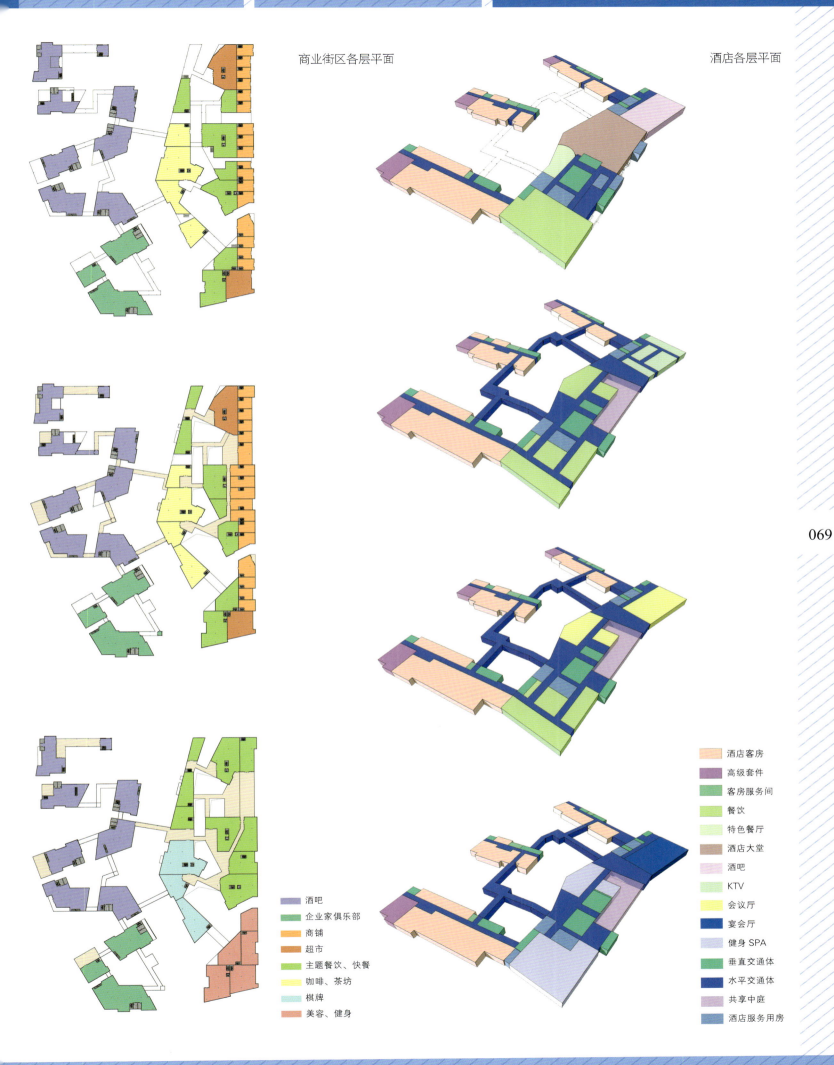

茅台大厦

工程档案
建筑设计：中国建筑设计研究院
项目地址：贵阳
项目功能：商业综合体
建筑高度：360m
建筑面积：约 600000m²

项目概况

主楼高360m，76层，分为两段。上段为酒店，在42层设置酒店空中大堂，顶部74-76层分别设置餐厅、咖啡厅、观光游览厅等。下段主要为办公部分，分为7段，每段分别设置高5层的空中中庭。裙房位于场地北侧，与住区隔水相望，通过"云中游廊"连为一体。裙房高4层，设置了酒文化中心、商业、办公、酒店住区配套设施等。

BUSINESS

营 城 造 市
TOWN AND CITY CONSTRUCTION

玉琮之樽盛玉液

"樽"作为中国古代最早的酒器，其承载的除了美酒，也是"诗仙"李白那"人生得意须尽欢，莫使金樽空对月"的自由超脱与豁达气度，更是承载了中华民族博大的文化与历史。

"琮"《周礼 考工记》"以卷璧礼天，以黄琮礼地"。"璧圆象天，琮方象地"乃玉琮，为中国远古沟通天地之神器，美酒晶莹剔透，其状温润如玉，而酒中极品茅台便宛如玉琮，充满灵性，与天地相融。

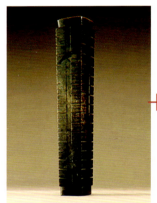 +  →

本案主塔楼总体上将玉琮与樽相结合，形成宛如玉琮之樽向天盛接琼浆甘霖的塔楼形态，分段的塔楼设计暗示中国密檐式塔，加之穿斗的榫卯结构形式体现了中国传统建筑与文化，又彰显了茅台绝世风华、玉液之冠的气质，又似一曲豪迈热烈与醇香婉转相结合的史诗。

主楼塔总高360m，76层，分为两段，下段为办公上段为五星级酒店。上段部分在42层设置酒店空中大堂，顶部74、75、76层分别设置餐厅、咖啡厅、观光游览厅等高空间。下段部分主要为办公部分，分为7段，每段分别设置高5层的空中中庭，给办公空间增加了多彩的交流休息空间。

 +  →

曲酒流觞见仙境

东晋兰亭"曲水流觞"营造的天地仙境正如茅台所体现的行云流水般飘逸洒脱的灵韵。本案的裙房借飞天云雾与曲酒流觞之形，其形态似水、似云、似酒香、似飞天营造出美酒醇香之人间仙境，彰显出中国人浪漫飘逸，超脱豁达的精神境界。

"曲酒流觞"的裙房衬托主塔傲然挺拔、贯冲云天，一曲长歌白苍穹——此酒只应天上有，人间哪得几回尝！

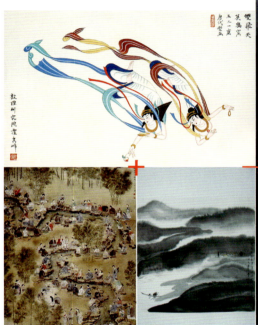

天津高新区国家软件及服务外包基地

工程档案

建筑设计:天津市建筑设计院
项目地址:天津
建筑面积:288910m²
建筑功能:科技专业市场

设计理念

天津高新区国家软件及服务外包基地位于新技术园区之内,基地内贯穿南北的海泰大道将用地分为产业功能区与配套生活区两部分,该项目位于海泰大道西侧的产业功能区内。

充分利用海泰大道纵贯用地中部的特点,创造一个有别于传统的街巷式城市景观风格的建筑空间形态。

建筑立面的设计力求与高新技术公司的形象有机地结合起来。在这个原则指导下,对于空间形态、细部处理、材质选择都做了合理的分析,以强有力的线型、明快简洁的色调来象征该行业的特点。全新包装的外立面及屋顶形式包含着传统建筑与技术美学的融合,穿孔铝板与玻璃幕墙的运用强化了科技的意境。

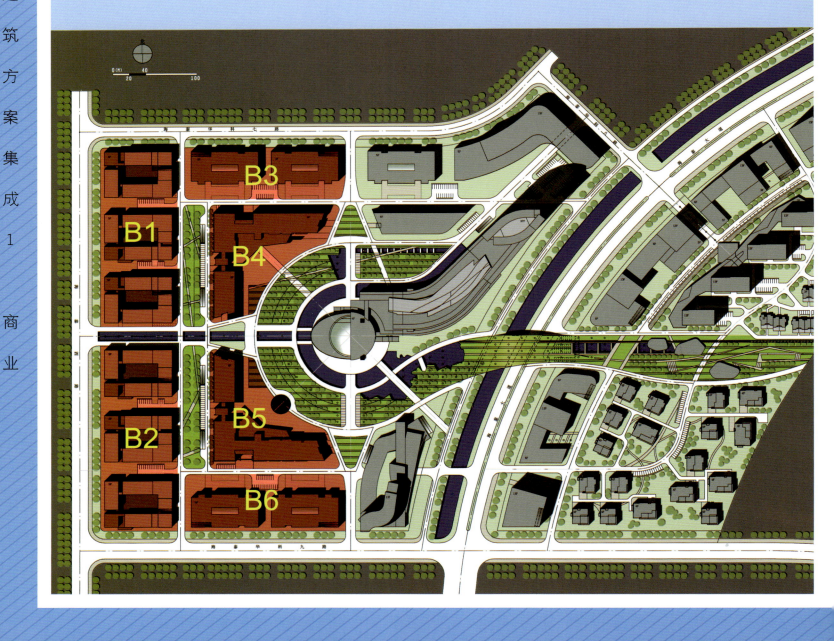

BUSINESS 营 城 造 市
TOWN AND CITY CONSTRUCTION

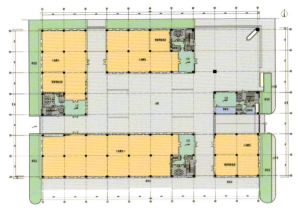

B1、B2 地块一层平面图

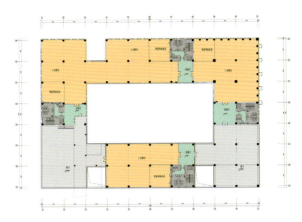

B1、B2 地块四层平面图

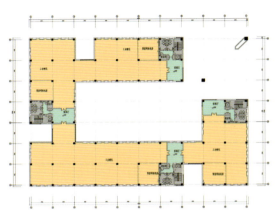

B1、B2 地块二、三层平面图

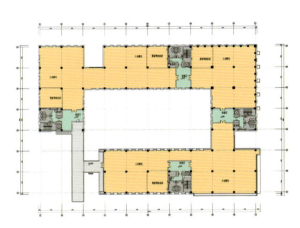

B1、B2 地块五层平面图

B1、B2 地块 1-11 轴、3-A-3-H 轴立面图

B1、B2 地块 11-1 轴、3-H-3-A 轴立面图

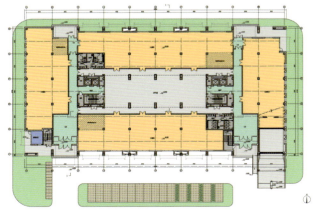

B3、B6 地块一层平面图

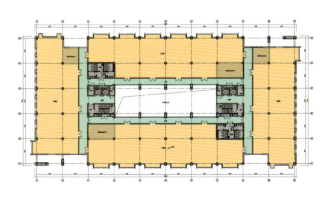

B3、B6 地块标准层平面图

B3、B6地块1-1-1-11轴、C-H轴立面图

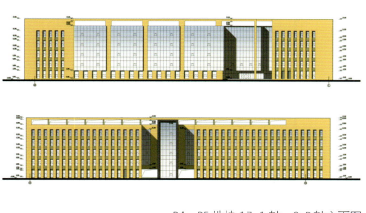

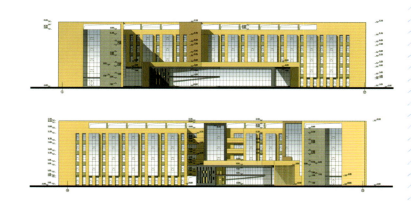

B4、B5地块17-1轴、S-B轴立面图

B4、B5地块1-17轴、B-S轴立面图

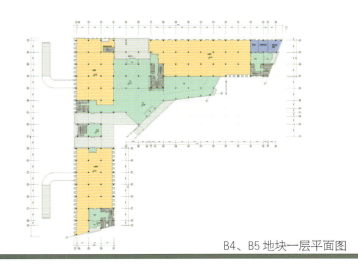

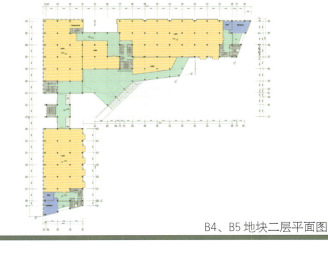

B4、B5地块一层平面图

B4、B5地块二层平面图

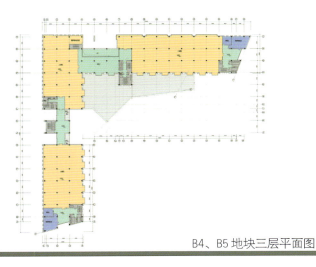

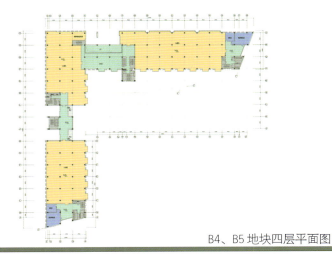

B4、B5地块三层平面图

B4、B5地块四层平面图

海航合肥城市综合体

工程档案

建筑设计：中旭建筑设计有限责任公司
项目地址：安徽合肥
建筑面积：64386m²
建筑功能：金融专业市场

设计理念

以水为主题，将"水"的流动性贯穿到建筑的总体布局、功能动线、室内空间以及立面造型中，创造出具有滨湖新区特色的城市空间。

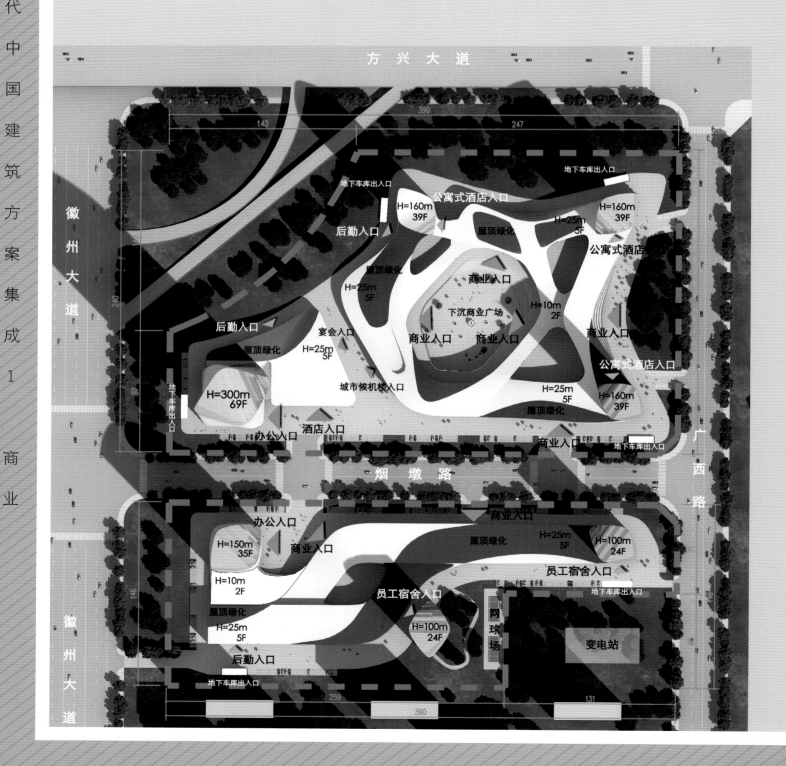

BUSINESS 营 城 造 市
TOWN AND CITY CONSTRUCTION

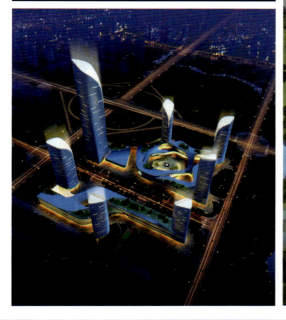

营城造市
TOWN AND CITY CONSTRUCTION

商业

形态生产过程分析图

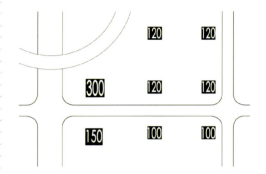

根据面积指标得出的基本布局及高度

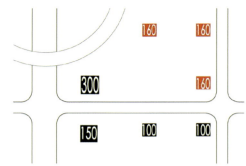

减去一栋塔楼，将其面积转移到其他三个塔楼上，使剩下的七个塔楼形成了围合的关系，使高度上形成高低变化

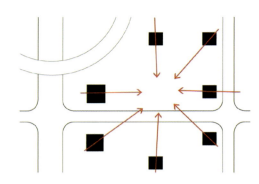

通过调整塔楼位置，进一步增强了围合关系

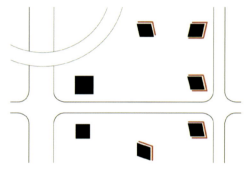

由于北侧和东侧均为城市绿化带，将公寓标准层变成菱形，使更多的房间拥有良好的景观

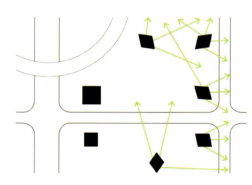

将塔楼扭转，增加了视线的通透性，也进一步强调了真个建筑群的完整性

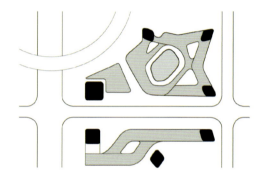

结合商业裙房形成最终形态

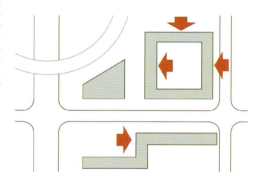

根据功能面积生成基本形体，通过"流水"作用，对形体挤压产生形变，打破原先的平淡

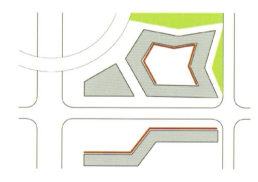

变形后的商业部分与原先相比增加了商业界面的长度，并增加了绿化面积

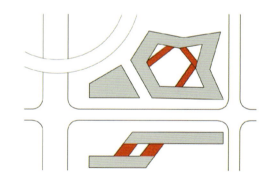

在此基础之上，再在转折位置插入兼有垂直交通与水平交通功能的连接体

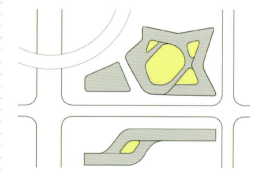

通过"流水的冲刷"将之前转折的直面打磨成水滑连续的曲面，一气呵成，并将商业广场划分成若干有趣味又互相连通的流动商业商家

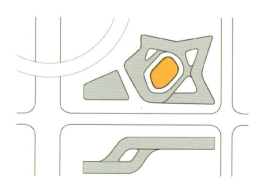

中心位置面积较大的广场为下沉式商业广场，进一步增加了空间层次，聚集人气

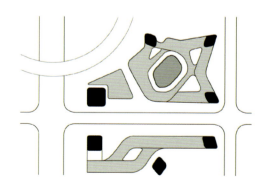

结合高塔形成最终整体形态

BUSINESS　　营 城 造 市
TOWN AND CITY CONSTRUCTION

滨湖 ➡ 水

区位图

081

宁波钱湖天地商业广场

工程档案

建筑设计：清华大学建筑设计研究院
项目地址：浙江宁波
建筑规模：90000m²
建筑高度：80m
建筑功能：酒店、商业、公寓

项目概况

本项目位于宁波市鄞州中心区，项目由汽车酒店、法国雅高酒店、酒店式公寓、商铺、餐饮、会所、酒吧、KTV、SPA、停车库等功能组成。我们设计"城市合院"原型，将若干复杂功能组织在一个合院内，共同围合出人性化的城市公共空间。合院之上架空设计具有视觉冲击力的桥型酒店式公寓，形成城市地标。

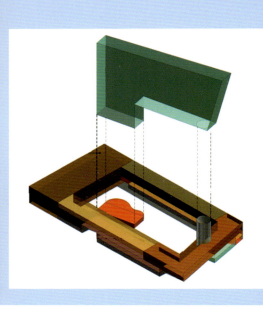

BUSINESS

营 城 造 市
TOWN AND CITY CONSTRUCTION

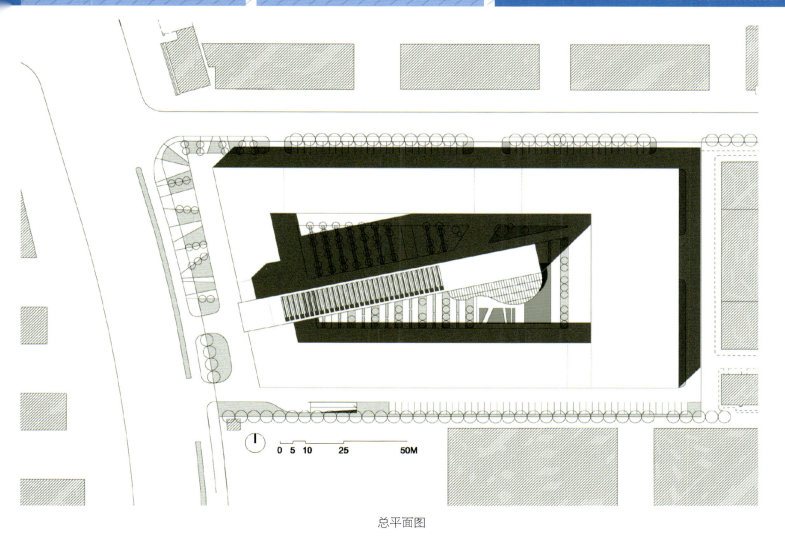

总平面图

083

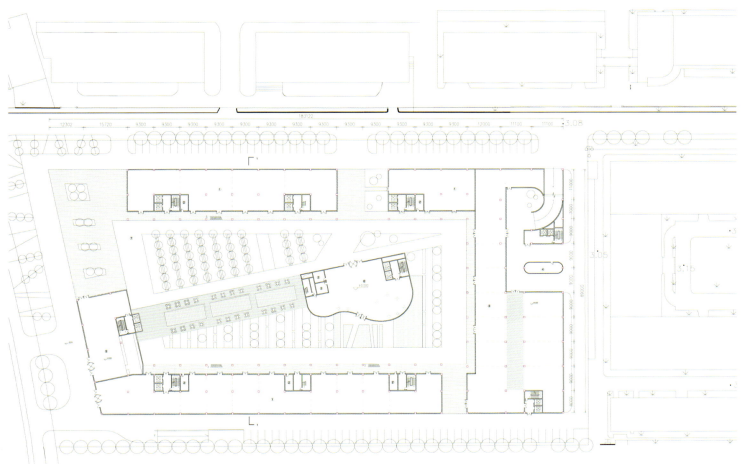

首层平面图

营城造市
TOWN AND CITY CONSTRUCTION

商业

深圳汉京国际

工程档案

建筑设计：深圳汤桦建筑设计事务所有限公司
项目地址：深圳
建筑面积：46087m²

规划布局

建筑的功能主要分为两部分——办公和商业。

为了使商业价值最大化，商业作了满铺的处理。靠近购物公园、建筑红线外的部分以景观形式设计成商业灰空间，利用广告灯箱、铺地、灯柱及雨蓬定义其范围，形成热闹的商业氛围。建筑红线内分为两部分，沿街商铺和开放式的商业内街，使地铺的价值最大化。二层及三层局部为集中商业，在底层商业两边内街入口设置电梯，方便人流的疏通。

为了突显办公的品质，我们在建筑中部设置了宽21m，高17.7m进深达16m的阳光办公大堂，提升建筑对外的整体形象。

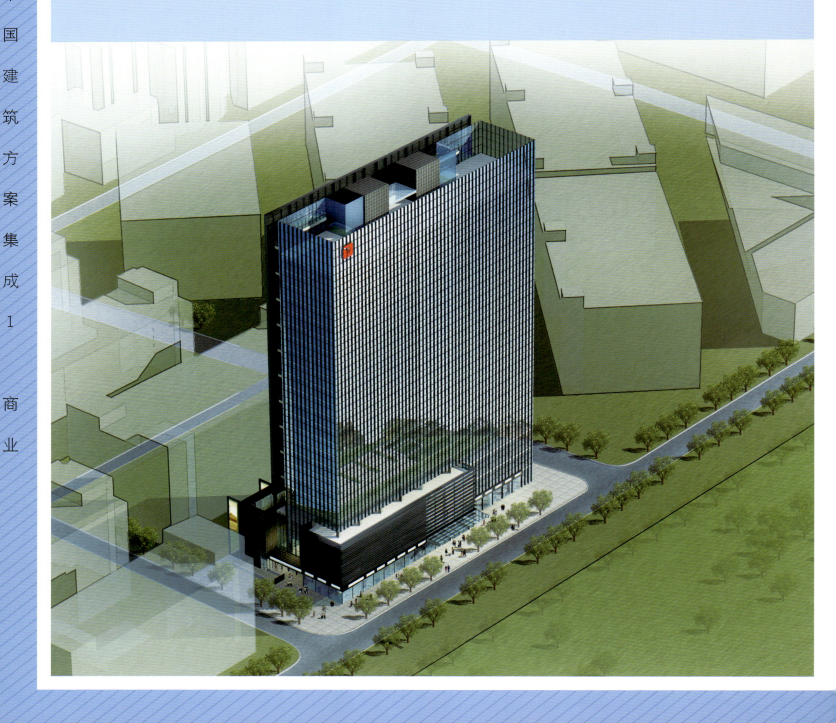

设计理念

建筑面向城市,应该采取怎样的姿态,并确立其形象,与建筑所处的场所、自身功能组成都有微妙的关系。是延续城市的脉络,还是别树一帜,作为一个跳跃的元素而存在会依据不同的情况采取不同的策略。项目位于杂乱的厂房区与热闹的商业区之间,我们选择了后者使建筑从喧闹的城市背景中脱离开来作为基本的设计方向。

建筑作为人类活动的容器而存在,有着各种不同的功能,与之对应,可以有不同的形象,好比不同的人有不同的性格,这取决于其内涵。各色人等的组合形成了我们的社会,而不同形象的建筑放在一起,城市诞生了。建筑功能往往具有多重性,导致其形象变得复杂。我们的目的是用各种手段在很好的满足建筑功能的同时,就其主要功能为建筑确立一种纯粹的姿态,使其从喧闹的城市背景中脱离开来。

整体性的要求来自于对建筑宏观尺度上的判断。相对于用地周边组团式布局的小体量建筑群,我们希望以超尺度体量集中布局产生差异,由此不仅利于形成独特的形象,而且还能为城市提供一个整体有力的边界。以包含丰富机能的简洁形体屹立于此,抽象而又富有多重意义。

营城造市
TOWN AND CITY CONSTRUCTION

商业

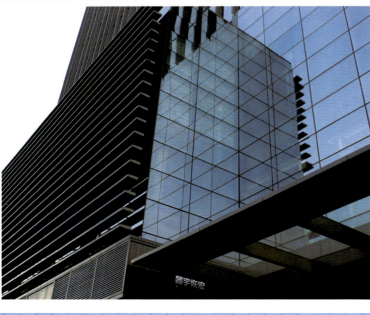

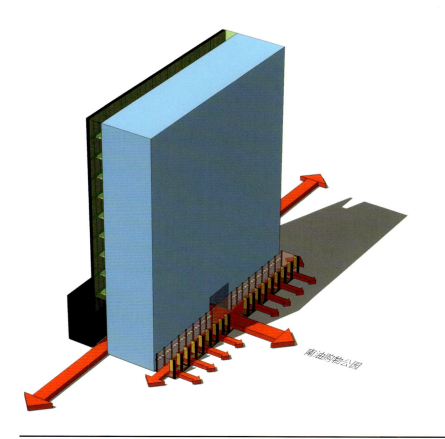

●布局
采取三段式的平面布局，使主楼和裙房脱离开来，塔楼的形象可以更加简洁。塔楼作为第二段置于用地北边，还可以使商业街处于巨大的阴影下，改善购物舒适度。

●灰空间
三段式的第一段采用景观的手法营造出商业氛围的灰空间，将商业元素置于其中，作为吸引购物公园人流的城市节点，也可以避免不受约束的商业广告影响塔楼外立面。

●商业内街
第二与第三段体量之间形成一条商业内街，我们特意拉开两体量间的差异性，致使其形成标志性的商业街入口。

空中花园
●空中花园一律置于西南边，除了可以为办公人员提供休息的场所外，也可以作为遮阳的手段，改善办公的舒适度。而不至于影响主立面的简洁形象。

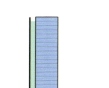

构思分析图

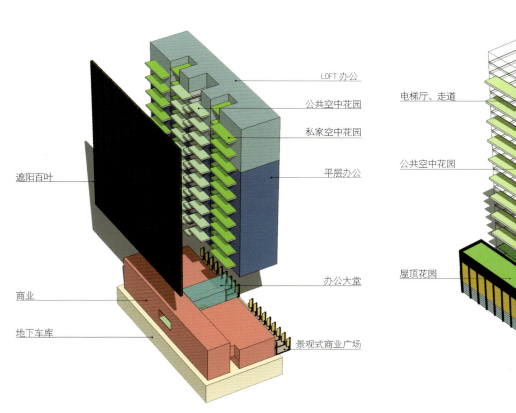

功能分析图

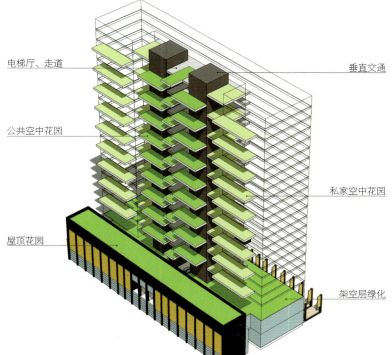

立体绿化分析图

营城造市
TOWN AND CITY CONSTRUCTION

商业

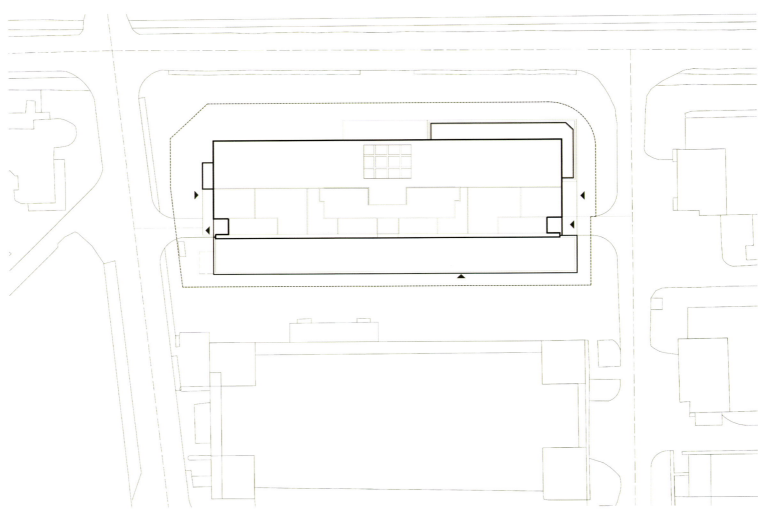

总平面图

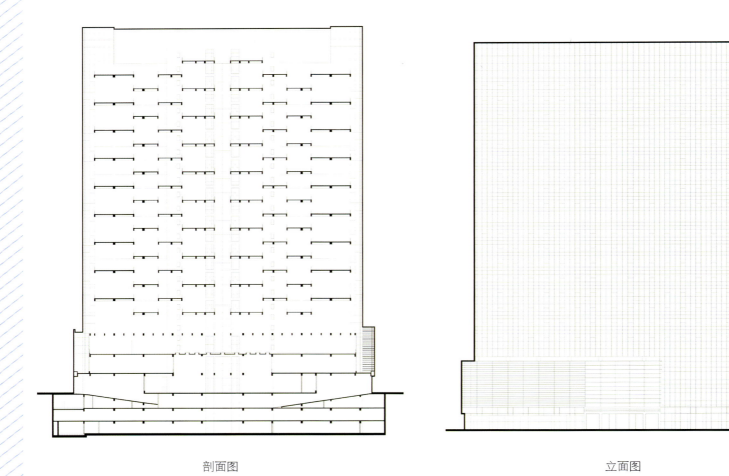

剖面图   立面图

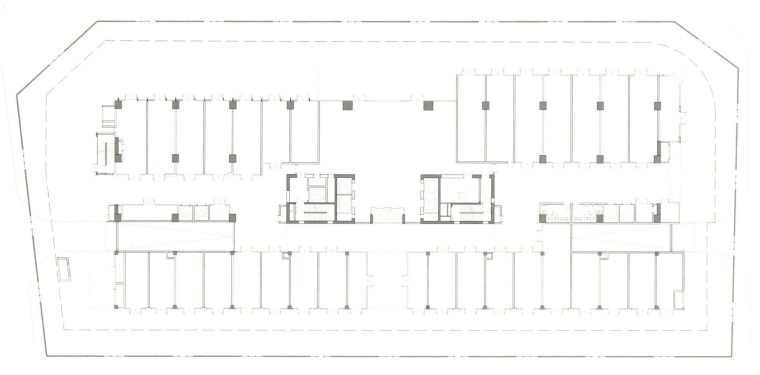

1F 平面图

2F 平面图

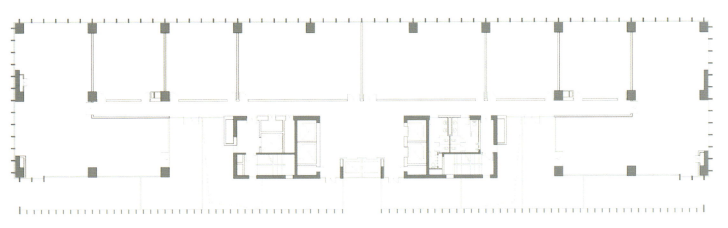

标准层平面图

天津德式风情街

工程档案
建筑设计：天津中怡建筑规划设计有限公司
项目地址：天津
建筑面积：29059m²

BUSINESS 营城造市
TOWN AND CITY CONSTRUCTION

093

营城造市
TOWN AND CITY CONSTRUCTION

商业

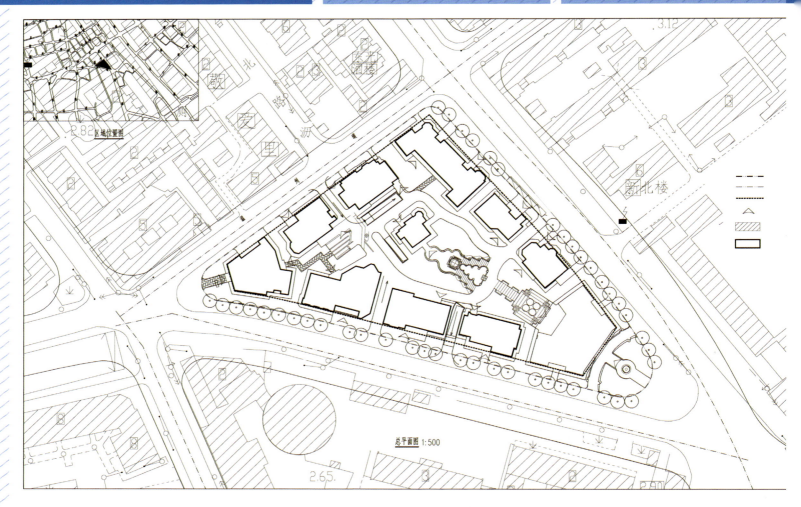

总平面图

立面图

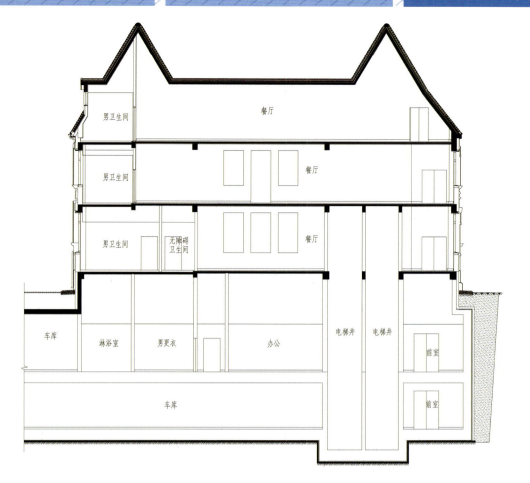

剖面图

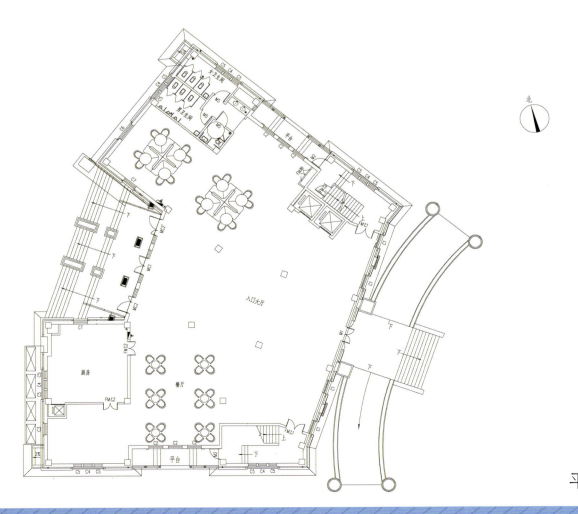

平面图

承德金龙皇家广场

工程档案

建筑设计：清华大学建筑设计研究院
项目地址：河北承德
建设规模：30hm²
建筑功能：商业、办公

设计理念

北京的大气、上海的洋气、苏州的秀气、承德的贵气

承德有特定的地域文化、深厚的底蕴，红山文化遗址至今已有五千年历史，近二百年的陪都，汇集过各民族王公大臣的朝王之所。本方案位于避暑山庄丽正门正对面原市政府用地。

基地位置显赫，周边人文景观、自然景观丰富。设计尽量控制建筑单体体量，不与承德避暑山庄争锋，使基地内部充分利用周边丰富的自然景观。以网格状的结构布置建筑群，以排列的规则严整来展现雍容的贵族气度。同时将商业综合体的公寓、酒店等建筑的规划布局统一考虑，形成肌理丰富的建筑群落。

建筑材料在统一中寻求变化，以深灰色砖墙和红铜为基调，突出建筑的凝重、大气，呈现其高贵典雅的品味，同时以中国结的形状、编制为基本元素，以点、线、面多种方式灵活运用，赋予这种中国传统元素灵动、优雅的时代之感，体现建筑质朴而高贵的内在品质。

BUSINESS

营城造市
TOWN AND CITY CONSTRUCTION

青岛海天中心

工程档案

建筑设计：悉地（北京）国际建筑设计有限公司
项目地址：山东青岛
建筑面积：468000m²
建筑高度：350m

福州海峡汽车文化广场

工程档案

建筑设计：同济大学建筑设计研究院
项目地址：福建福州
用地面积：60hm²
建筑面积：80hm²
建筑功能：汽车专业市场

项目概况

　　海峡汽车文化广场地处福州东南部青口镇，是福厦走廊进入省城福州市区的南大门。宗地范围内淘江回转穿流而过，具有绝佳的自然水景资源。本项目是集汽车文化展示、汽车销售、仓储、办证、检测一站式服务的汽车文化广场。

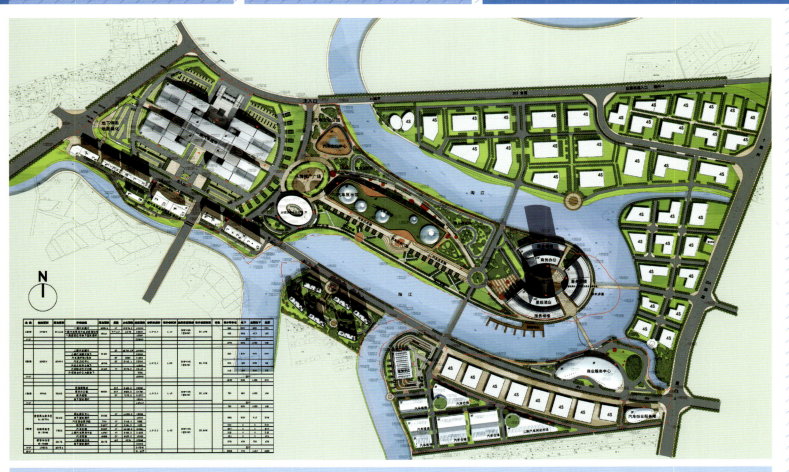

规划结构

本区采用"一轴、一脉、多组团"的总体规划结构

1. 一轴

一轴是指东西贯穿全区的汽车历史轴,道路线型生动,与景观紧密结合,不但顺畅贯通整个汽车文化广场,还取得移步换景的景观效果。是全区的景观中心和开放空间的主体部分。

2. 一脉

一脉是指连接品牌推广广场,试乘试驾车道以及商务办公及酒店组团的如意形绿脉。绿脉东西向贯通整个汽车文化广场,串联起区域内各个主要的功能主体,保证各个功能组团良好的可达性。

3. 多组团

围绕汽车文化广场内的主要功能定位,将各主要功能和辅助内容就近聚集,形成主题鲜明,功能明确的组团,各组团围绕淘江水系和带状景观轴进行布局,并以主干路串联,相互独立而又组合为完整的整体。

功能布局

在充分考虑了海峡汽车文化广场原有的策划定位和发展规划后,将真个区域按功能划分为如下九个主要功能组团:

1. 汽车销售组团;
2. 汽车展示组团;
3. 办证服务组团;
4. 车辆检测仓储组团;
5. 商务配套组团;
6. 商业配套组团;
7. 配套生活组团。

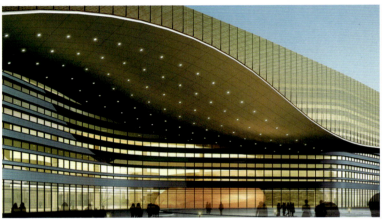

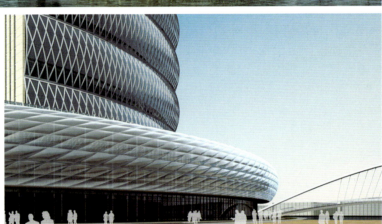

功能分区分析图

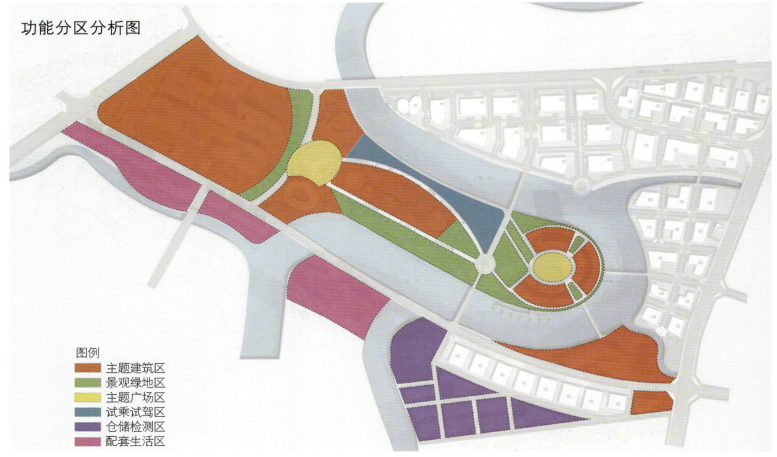

图例
- 主题建筑区
- 景观绿地区
- 主题广场区
- 试乘试驾区
- 仓储检测区
- 配套生活区

道路系统分析图

图例
- 城市规划道路
- 主要车行道路
- 次级车行道路
- 景观步道
- 休闲园路
- 试乘试驾车道
- 步行广场

绿地系统分析图

图例
- 田园景观连通道
- 园区绿脉
- 汽车历史轴
- 水景界面
- 景观节点

南京乔波冰雪世界

工程档案

建筑设计：清华大学建筑设计研究院
项目地址：江苏南京
建筑面积：35hm²
建筑功能：商业、公寓、酒店

设计理念

反差

整个地块将由乔波滑雪馆、五星级酒店、酒店式公寓、主题商业中心四大部分组成，根据技术需要，新建乔波滑雪馆坡道高度距地面将达到71m，成为地块内高点之一，整个形体给人以强烈的视觉冲击，从纬七路过江隧道的江北出口行车而过，乔波滑雪馆犹如一屹立于天际的皑皑雪山冰峰。

相对低矮的主题商业中心，犹如冰峰下连绵不断的雪山神展开，整个设计形成鲜明对比，给人以强烈的感官视觉。五星级酒店周围设置一滑雪道，与主题建筑在形体的对比中更加统一。

灵动

由大大小小圆形及圆弧组成的主题商业中心，给人以灵动飘逸的视觉张力，整个主题商业中心以流畅的曲线贯穿于真个基地，将体育运动所表达的活力与动感融于其中。整体设计中，有意突破常规滑雪道单一的形态特征，并且通过充满动势的形体自然和主题商业相互穿插、融合，使得整个冰雪世界浑然一体。

消融

主题商业中心犹如从天空而降，洋洋洒洒晶莹剔透的雪花飘落至地上，慢慢融化而形成而生长出的自由形体。在整个乔波冰雪世界中，连绵起伏的建筑群体使得建筑物的形象统一，自由的形体模糊了建筑、景观和城市公共空间的界限，整个世界构成一体。

涌动

浦口区江北新城中心区乔波冰雪世界所形成的不仅仅是一个文体商圈，乔波冰雪世界的建成更应该是一个聚集城市活力，激发交流和想象力的戏剧性生活场景。这块基地本身就有着她丰富的生命力——平静的表皮下蕴藏的能量渴望被表现出来，他本身就是一件具有潜力的自然艺术品。

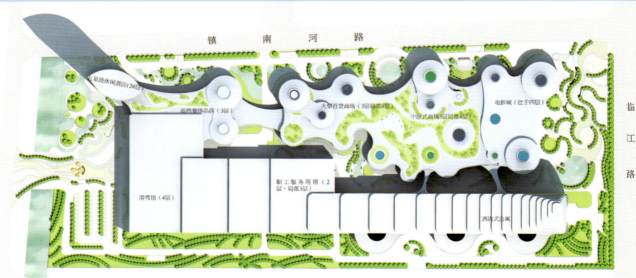

营城造市
TOWN AND CITY CONSTRUCTION

商业

上海庙商业综合体

工程档案
建筑设计：清华大学建筑设计研究院
项目地址：鄂尔多斯市
建设规模：28hm²
建筑功能：商业

设计理念
建筑基地位于鄂尔多斯市上海庙核心区中轴的两侧，区域中心以"鹰"为基本形态的园林广场环境已经形成，新商业综合体的设计作为"鹰"文化的一种延续，结合鹰之羽翼的形态展开思路，也寓意上海庙的"羽翼丰满，即将腾飞"。

建筑设计力图改变普通商业建筑的表情，通过金属板穿孔的变化反应地域特色的文化图案，增强商业建筑的文化气息，同时通过彩釉玻璃和深色石材的融入体现一种深沉而又现代的商业气质。

当代中国建筑方案集成 1 商业

BUSINESS 营 城 造 市
TOWN AND CITY CONSTRUCTION

自贡南岸科技新城核心区

工程档案

建筑设计：中国建筑设计研究院
项目地址：四川自贡
建筑功能：办公、商业、酒店、
　　　　　公寓、展览文化等

设计理念

功能优化——通过多个案例的功能分析，我们得出一些相似成功案例的业态分析及数据比例，从而针对本案的城市环境空间做出了一定的功能补充。

标志性建筑的重点设计——本案重点考虑了金融中心和孵化中心独特的造型设计和象征意义，希望标志性建筑能够更好的代表区域的核心和焦点。

与自然互动的建筑构思——结合大规划绿廊的理念，以及当地的地形地貌，建筑设计尝试做出一种较为自然和亲切的形体和自然呼应。

唐山金融中心

工程档案

建筑设计：中国航空规划建设发展有限公司
项目地址：唐山
建筑面积：64386m²
建筑功能：金融专业市场

项目概况

规划地块位于唐山市凤凰新城，学院路西侧，翔云道北侧，该地区交通条件优越，商业金融地位突出，是唐山市重要的黄金地段。为促进唐山社会经济的健康发展，推进城市化和现代化进程，加快唐山中心城市建设步伐，改善人居环境，提升城市品位，树立良好城市形象，唐山市路北区启动金融中心的规划建设。

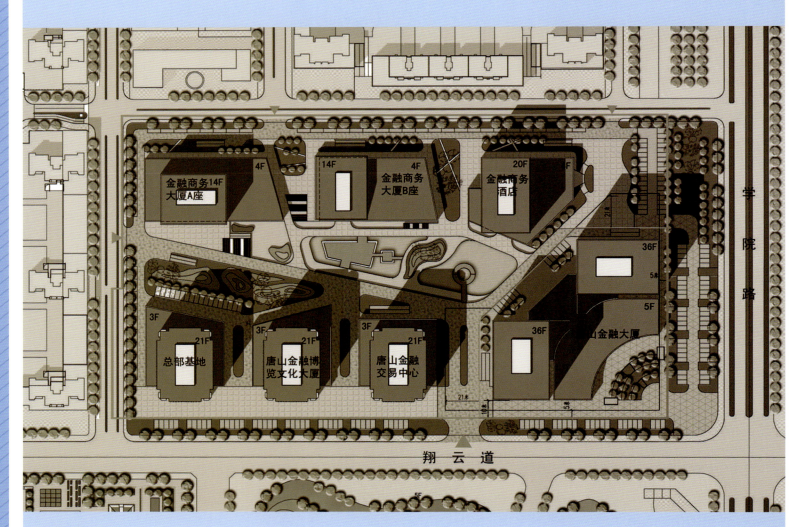

设计理念

公共空间

城市的公共空间，作为城市品质的表象被赋予了重要意义，而建筑作为界定空间的元素应服务于此目标。从城市设计的角度出发，在双塔下设计下沉广场，与围合空间内部庭院连为一体，将各功能区入口与城市界面融为一体，本设计将各广场区域作为整个城市的一部分，使其更符合城市尺度要求。简约的建筑形式、宜人的绿化环境和小品，建筑界定的空间界面，为人们提供了合乎比例、合乎心理感受的广场和开敞空间，从而创造出高质量的室外空间环境。

理性布局

规划通过棋盘网格将建筑、室外空间有机地统一在一起，有效地控制使建筑形态理性、有序，同时也使地下空间在功能使用上合理流畅。规划在技术上重视理性的同时，特别注重非正式交流空间的规划。坚持以人为本，通过人与自然、人与人的交流，营造理性的空间氛围。下沉庭院、建筑之间的连廊、建筑的绿林休息平台等都提供了交流的场所。

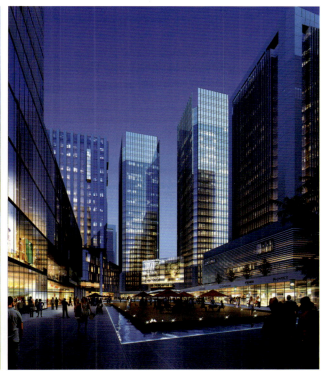

常州新世纪商城概念设计

工程档案

建筑设计：同济大学建筑设计研究院
项目地址：江苏常州
用地面积：13200m²
建筑面积：100000m²
总容积率：7.58

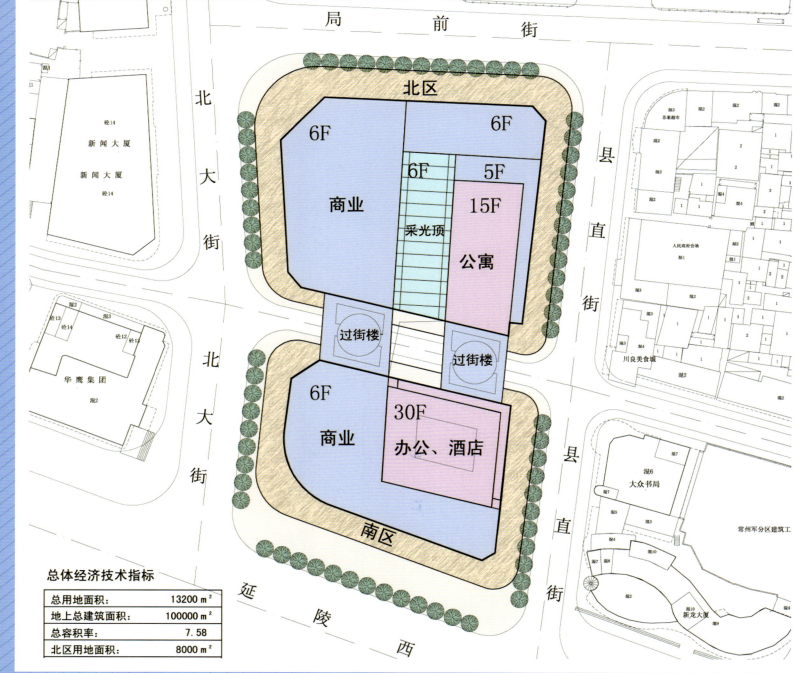

总体经济技术指标

总用地面积：	13200 m²
地上总建筑面积：	100000 m²
总容积率：	7.58
北区用地面积：	8000 m²

BUSINESS

营 城 造 市
TOWN AND CITY CONSTRUCTION

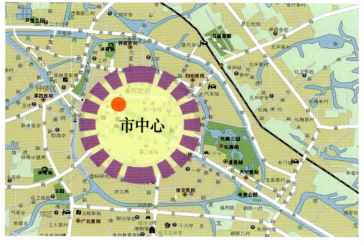

营城造市
TOWN AND CITY CONSTRUCTION

商业

杭州卓越滨江双子塔

工程档案

建筑设计：悉地国际建筑设计有限公司
项目地址：杭州滨江区
用地面积：15100m²
建筑面积：204000m²
容 积 率：10.5

项目概况

本项目由酒店、办公、住宅及含商业和酒店配套服务的裙房组成。以打造钱塘江新地标，提升企业影响力为目标，依托钱塘江景，力求营造全江景视线，从而铸造酒店、办公、住宅、商业的高雅品质。设计在尊重杭州建筑文脉的前提下进行创新，满足建筑形象的优雅、秀美，做到建筑与环境和谐统一。

基地布局紧凑，地面以上的3栋塔楼中，两座230m高的塔楼均为65层，矗立于基地的东南侧及北侧，其下部为办公，上部缩进成为住宅；塔楼之间96m高的塔楼为酒店，21层，位于两座高塔之间。塔楼下有4层裙房，为酒店配套、商业、展厅等用途。裙房首层架空大堂将办公、住宅、酒店的出入口聚集于一处，方便各个功能区域之间的沟通联系之外，也解决了交通、景观、绿化之间的交流关系。同时，在塔楼外侧有住宅专用入口，方便居民能直接进入住宅层。

建筑外立面以幕墙为主，包括玻璃、石材、金属幕墙等形式。纯净统一的材质运用，与纵横交错中产生的肌理变化，使得建筑体璀璨夺目，具有强烈的个性和可辨识度，在高速发展的滨江地区，以现代、时尚、高雅的气质与其他拔地而起的高层建筑区分开来。

本案通过横向与纵向绿色设计手法打造立体式绿化景观体系，尤其是先进的屋顶绿化体系也被充分应用于本案中。自然绿化如今不再仅限于地表，设计师结合了当代景观设计理念与低碳环保知识，使人们在高空中也能享受到自然绿化。

有限的用地面积竖向发展的趋势，在大量人流涌入的情况下，超高层建筑成为城市高速发展的标志。绿色和自然成为生活在钢铁森林的人们亟需的精神养料。屋顶绿化、垂直绿化等景观设计方法应运而生。在设计师与大众对生活品质的热切渴望与不断摸索下，"城市，让生活更美好"也许不只是一句口号。

BUSINESS 营 城 造 市
TOWN AND CITY CONSTRUCTION

纯净统一的材质运用
与纵横交错中产生的肌理变化
使得建筑体璀璨夺目
具有强烈的个性和可辨识度

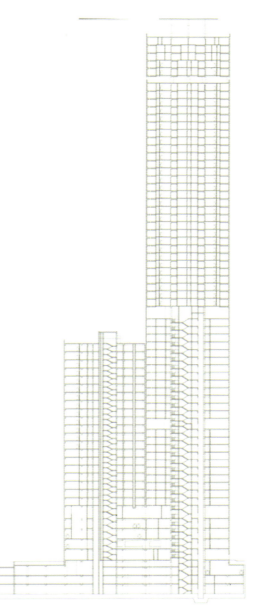

剖面图

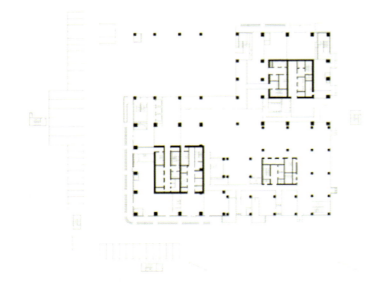

首层平面图

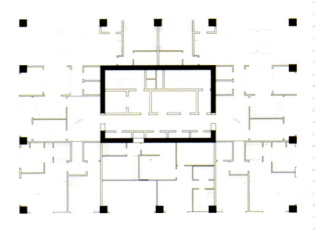

B幢塔楼住宅户型图

昆明实力心城

工程档案

建筑设计：悉地国际建筑设计有限公司
项目地址：昆明呈贡县
用地面积：125000m²
建筑面积：600000m²
容积率：4.2

项目概况

清晰的组团、明确的功能划分以及穿越整个地块的商业内街，水平的联系让本案的综合体性质一览无余。如今，综合体的规划固然有着多种方式，但"便捷好用"永远是任何建筑的最根本诉求。而本案对此的探索，便建立在大组团的划分和商业元素连续点缀之上。

项目位于昆明市呈贡新区吴家营片区，是整个市级行政中心及中央商务区核心区的黄金地段，内容涵盖了住宅、公寓、商业、酒店、办公和绿地六大业态，在复杂的建筑功能之间提炼丰富的空间层次，使得整体区域既密切相连，又彼此区分。建筑除了商业街和一些配套设施外其他均为高层建筑，造型以新古典风格作为标识，形体简洁明朗。建成后将成为昆明新城的核心地标建筑群。

在基地内已有数条规划道路的基础上，设计师采用了较为规整的规划方法，通过地块的划分与建筑形式的区别，确立了本案丰富的业态，将水平联系与竖向综合这两种在综合体设计中常用的手法混合使用，而区内中心商业街既赋予了本案强烈的综合体特质，又使得本案建筑整体呈现出均衡的美感。

高层建筑立面主要采用石材与玻璃幕墙，通透的轻盈感消弱了高层的巨大体量，竖向的线条也呼应了古典审美的旨趣。顶部的层层收紧，增加了建筑体的韵味，使得表面富有变化。顶部整层玻璃表面的点缀，在稳重的建筑外表上了活泼动感的元素，仿佛是深色裙边缀上的蕾丝花边。建筑师结合当地的深厚历史沉淀，扬弃了弧线在当代建筑中的使用，回归了现代主义整肃规律的体块切割，尊重了当地作为云南重要工业城市的传统，在建筑中可循的脉络追寻着这座城市的过去与未来。

BUSINESS 营 城 造 市 TOWN AND CITY CONSTRUCTION

复杂的建筑功能之间提炼丰富的空间层次，
使得整体区域既密切相连，又彼此区分

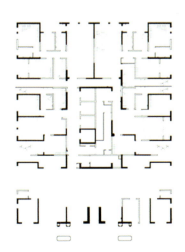

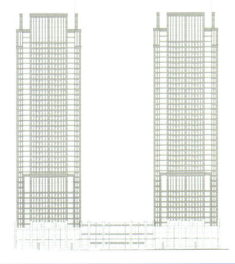

右一：4号高层住宅楼首层平面图
右二：9-11号楼立面图

吉林财富广场

工程档案

建筑设计：吉林省建筑设计院
项目地址：吉林省吉林市
项目规模：300000m²

设计理念

　　作为一个大型商业综合体，我们的设计不仅仅停留在商业开发及运营，而更多将精力投入到为城市留下一幢反映当地人文特色的地标景观当中。

　　我们的目标是，这幢建筑能够表达城市的独特气质而从属于这一既定的场所。

　　在系统地研究当地风土人情、人文历史的基础上，我们为项目提出"公众美学"的概念。

　　松花江在吉林市区蜿蜒流淌，奠定了旖旎的城市风光，潜移默化地塑造了民众美学的价值取向。凡高说，"在自然界是不存在直线的"。这一观点应用于吉林市这一特定场所最合适不过了。

　　建筑塔楼形体的最终确定，采用了圆润的三角形。虽然在商业开发方面它不一定是最佳的选择，但的确，在城市的重要景观方向，它呈现出独一无二地标气质。

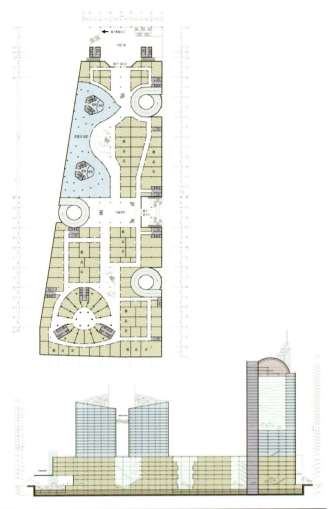

沈阳五洲商业广场

工程档案

建筑设计：中国建筑东北设计研究院
项目地址：辽宁省沈阳市
建筑面积：243010m²
占地面积：23460m²
用地面积：28025m²
建筑密度：83.7%
容 积 率：6.8

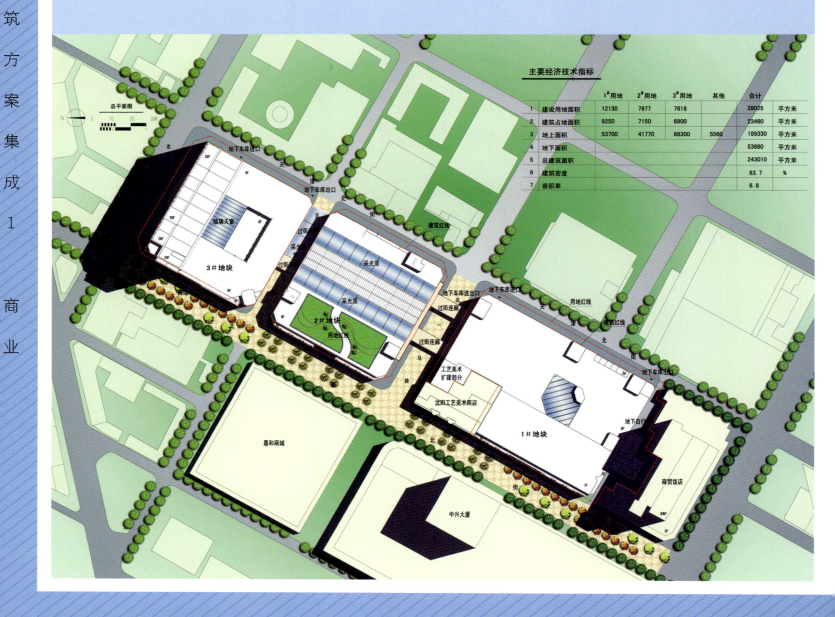

BUSINESS

营 城 造 市
TOWN AND CITY CONSTRUCTION

SHENYANGWUZHOUSHANGYEGUANGCHANG

商业

一层平面图

二层平面图

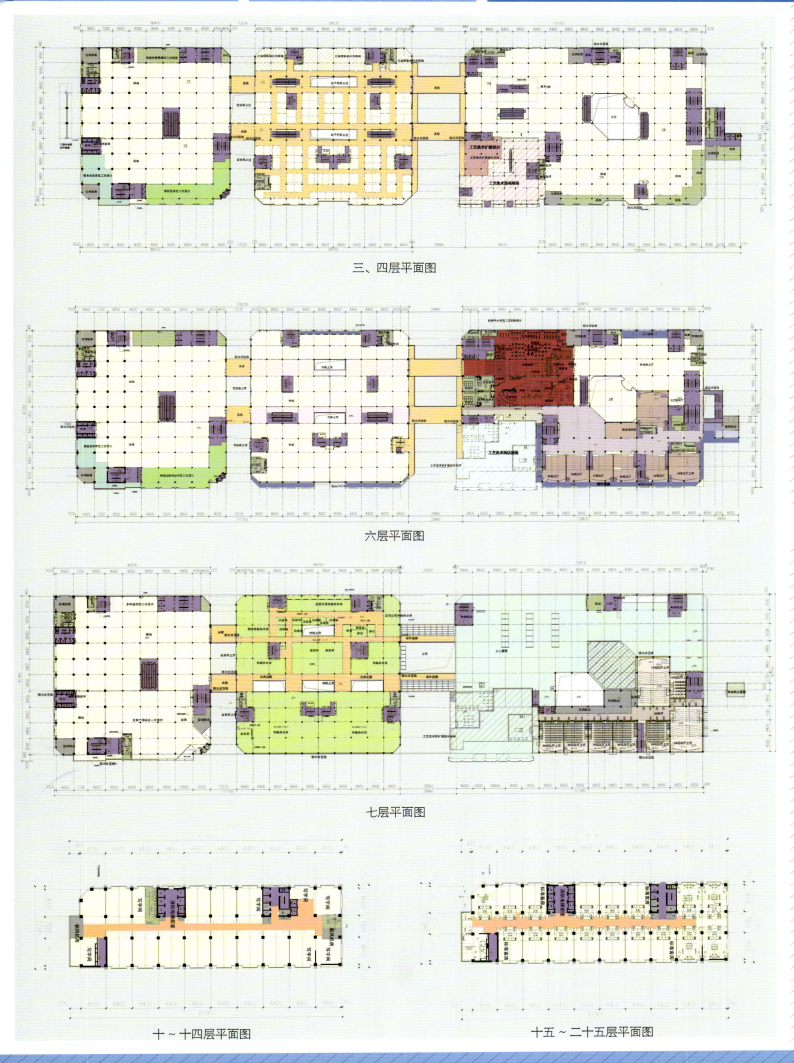

三、四层平面图

六层平面图

七层平面图

十一~十四层平面图

十五~二十五层平面图

南宁东盟国际大厦超高层

工程档案

建筑设计：上海现代建筑设计（集团）有限公司
项目地址：广西省南宁市
建筑面积：168000m²
建筑高度：256m

设计理念

　　本次方案设计的基地位于南宁市的核心地段，紧邻美丽的南湖，可以说基地有得天独厚的地理条件，因此在这里我们必须建造一座颇具特色和现代气息的建筑来呼应这块基地，同时给整个城市增添新的活力。方案的原创灵感来源于美丽的南宁市市花——"朱槿花"，因为朱槿花象征着这个城市的凝聚力，经济的繁荣和活力的绽放。设计师希望能够塑造种具有象征意义，同时又切合新时代环保、生态潮流的建筑形象。白天，这座大楼宛如一朵纯净的朱槿花绽放在繁华的都市中，入夜，它又像块晶莹剔透的水晶镶嵌在绚丽多彩的城市夜空中。

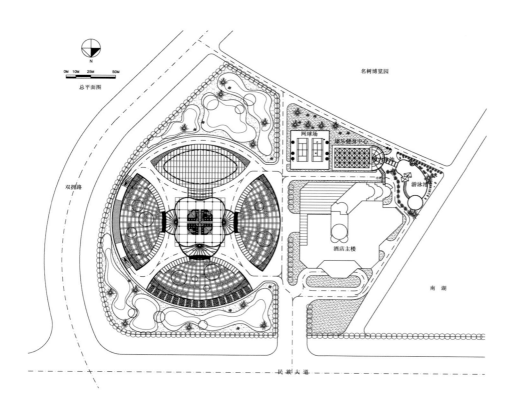

总平面图

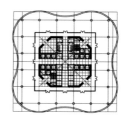

办公楼标准层平面

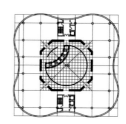

酒店大堂平面

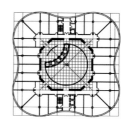

酒店标准层平面

天津城市大厦

工程档案
建筑设计：天津中怡建筑规划设计有限公司
项目地址：天津市河西区
建筑面积：92000m²

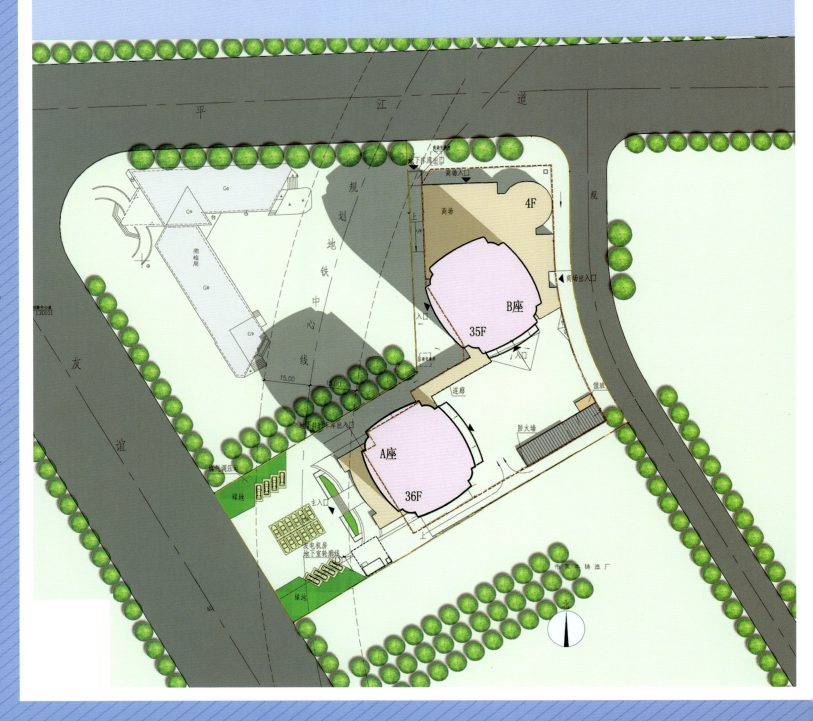

营城造市
TOWN AND CITY CONSTRUCTION

商业

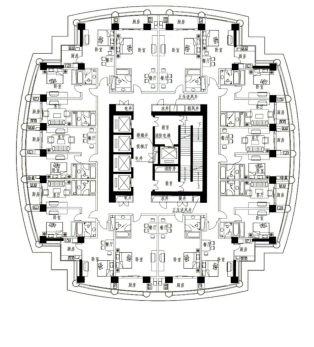

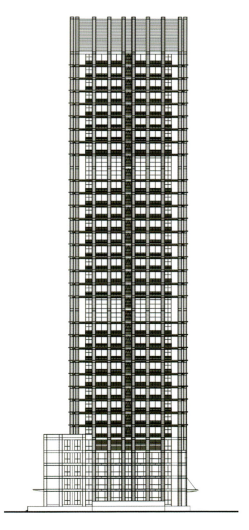

立面图

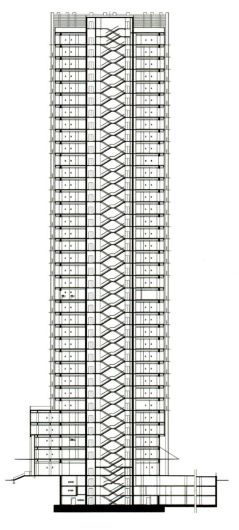

剖面图

厦门香山国际游艇码头

工程档案

建筑设计：上海现代建筑设计（集团）有限公司
项目地址：福建省厦门市香山南侧
建筑面积：128000m²

设计理念

"乘云气，御飞龙，而游乎四海之外"

方案最初的设计构想来源于该项目得天独厚的地理位置，山水色，一幅令人神往的姿态。正所谓"山不在高，有仙则名，水不在深，有龙则灵"，我们将这块用地称为聚仙藏龙之地，因此在整个总体布局中充分利用水系，蜿蜒曲折的布置在整个基地中，仿佛条潜藏在水中的卧龙，跃跃欲试，积蓄能量，最后在基地东北角的三栋高层将这种态势推向极致，卧龙飞冲天，所谓"飞龙在天，利见大人"。

我们将整个基地分为商业、办公和酒店这三大块功能区，各个功能区之间利用蜿蜒的水系连接，这条水系也是整个基地中具有特色的个亮点，同时也是条主要的商业动线。

BUSINESS

营 城 造 市
TOWN AND CITY CONSTRUCTION

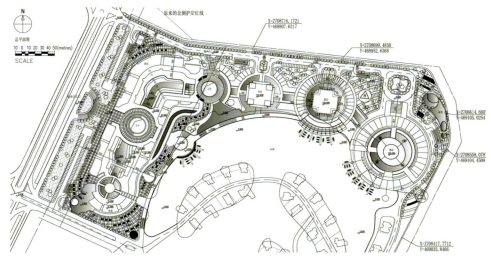
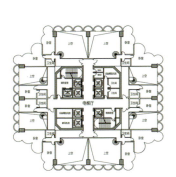

广州珠江城

工程档案

建筑设计：广州市设计院
项目地址：广州
项目类型：商业综合体

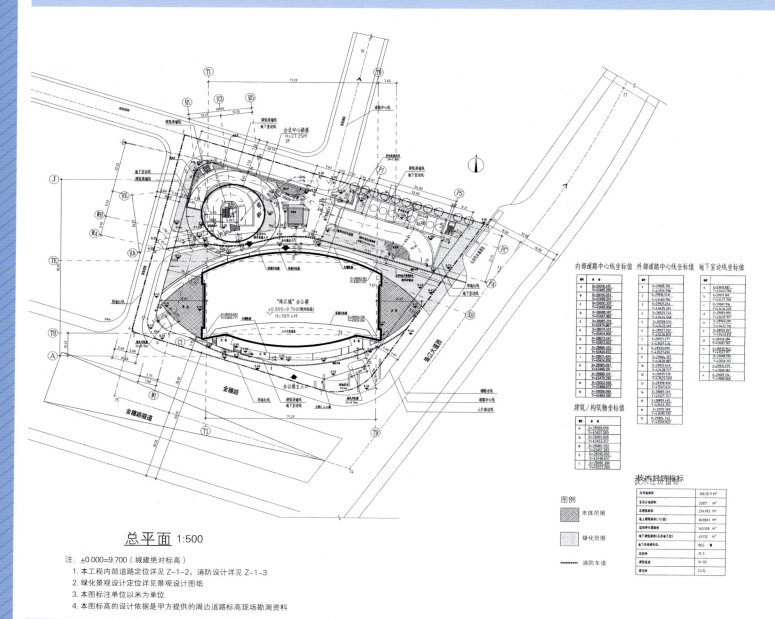

总平面 1:500

注：±0.000=9.700（城建绝对标高）
1. 本工程内部道路定位详见 Z-1-2，消防设计详见 Z-1-3
2. 绿化景观设计定位详见景观设计图纸
3. 本图标注单位以米为单位
4. 本图标高的设计依据是甲方提供的周边道路标高现场勘测资料

BUSINESS

营 城 造 市
TOWN AND CITY CONSTRUCTION

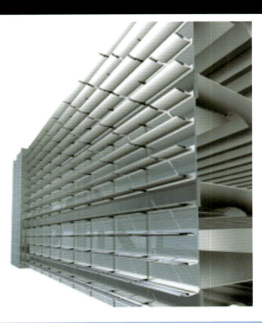

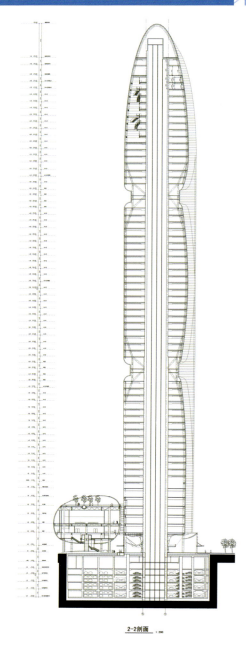
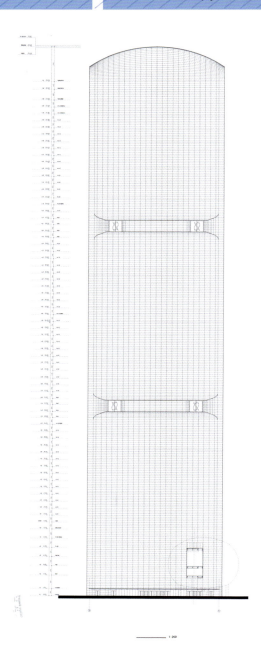

BUSINESS

营 城 造 市
TOWN AND CITY CONSTRUCTION

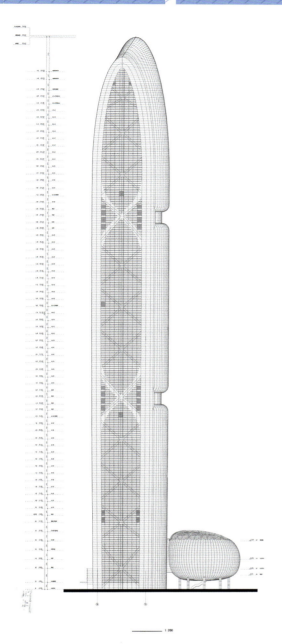
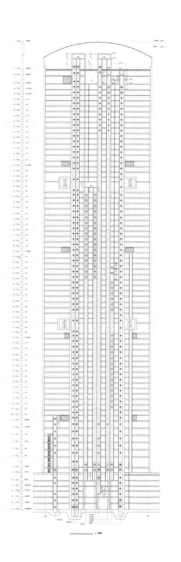

广州太古汇

工程档案

项目地址：广州
建筑设计：广州市设计院
项目类型：商业综合体

BUSINESS

营 城 造 市
TOWN AND CITY CONSTRUCTION

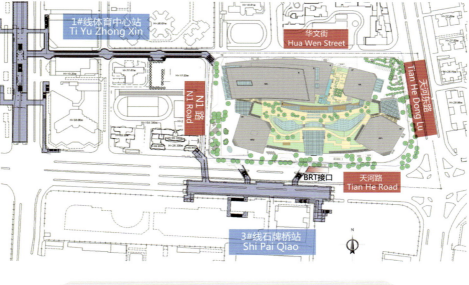

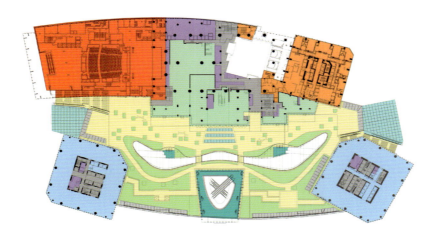
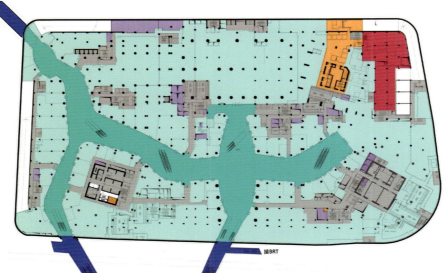

大连市万达中心

工程档案

建筑设计:大连市建筑设计研究院有限公司
项目地址:大连市东港区
建筑面积:208000m²
建设层数:44/36 层

BUSINESS

营 城 造 市
TOWN AND CITY CONSTRUCTION

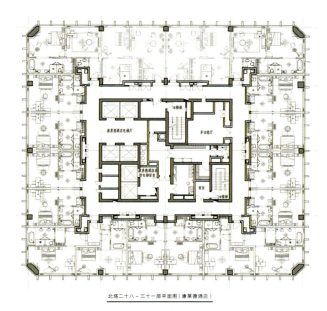
北塔二十八~三十一层平面图（康莱德酒店）

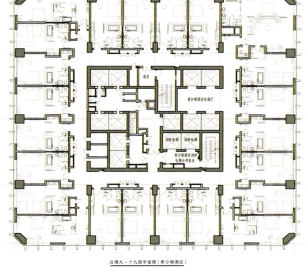
北塔九~十九层平面图（希尔顿酒店）

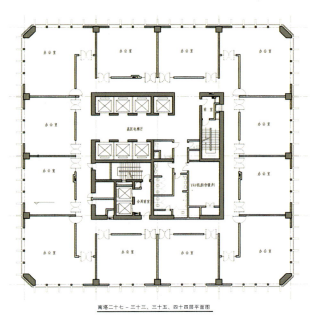
南塔二十七~三十三、三十五、四十四层平面图

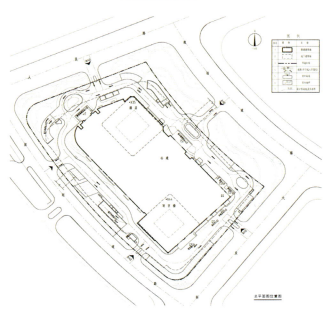
总平面图位置图

广州圣丰广场

工程档案

建筑设计：广东省建筑设计研究院
项目地址：广东省广州市
建筑面积：154663m²
建筑层数：40层

项目概况

广州圣丰广场位于广州市广州大道366号，地处繁华的天河中心商业圈。项目主要由甲级写字楼、五星酒店、会议展览区和地下车库等部分组成。

建筑平面布局合理紧凑，交通组织安排有条不紊，最大限度的吸引商业人流，疏导办公人流。酒店、办公相对布置，充分利用每一分空间，同时又保留较大的舒适度。

立面造型，生动活泼。以流动的弧线作为造型的主要元素。写字楼以椭圆形平面为蓝本逐层收分，形成高耸挺拔的形象；酒店以"L"形平面和写字楼组合，形成了良好的外部空间，成为天河商务中心的一道靓丽风景线。

本工程为大底盘的超高层双塔楼建筑，其中北塔楼为40层超高层办公楼，建筑高度为196m，采用框架－核心筒结构；南塔楼为27层豪华酒店，建筑高度为103m，采用框架－剪力墙结构。部分塔楼及裙楼的竖向构件不连续，分别形成25m跨度钢骨梁承托4层、20m跨度桁架承托24层及19m跨度跨层钢骨梁承托20层等多个大跨度高位转换结构；在两个塔楼中间的主入口大广场设置大跨度单层网壳结构雨棚，雨蓬外形近似半球面，直径约为32m。

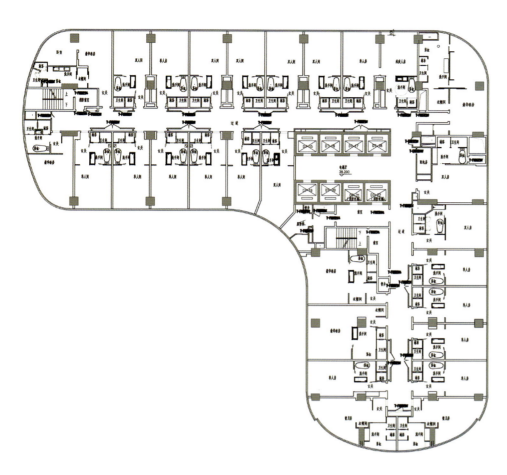

防火分区平面示意图

防火分区	面积(m²)
A	1722

酒店9层平面 1:100

注：1. 本土砌体墙厚除特别注明及大样注明外均为200，卫生间隔墙、管道包墙为100mm。
2. 除注明外，各门垛均为距墙（柱）边200或居开间中开。
3. 除进排风道外的设备管井在管道安装完毕后，每层均用同楼层标号混凝土封洞口楼板（板厚同楼板）。
4. 设备管井检修门，电气用房门均用砌块砌筑300高门槛。
5. 各部位标高楼层完成面标高H，卫生间门边完成面标高H-0.02，室外平台门边完成面标高H-0.03。
6. 消防栓位置详水施。

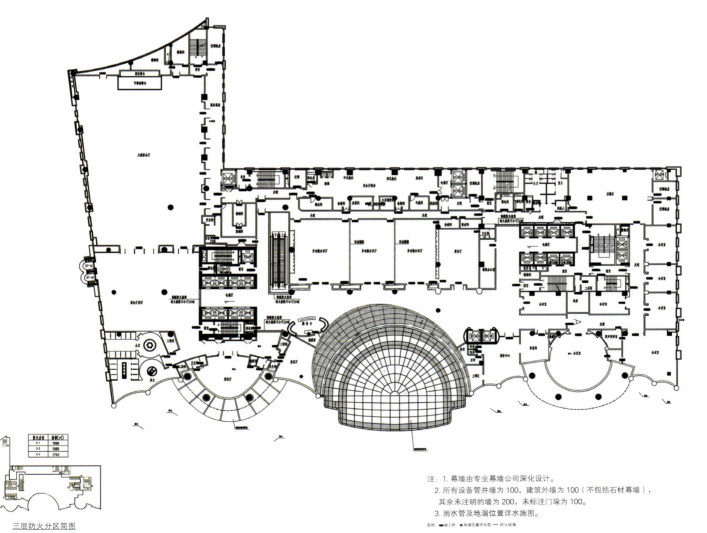

三层防火分区简图

注：1. 幕墙由专业幕墙公司深化设计。
2. 所有设备管井墙为100，建筑外墙为100（不包括石材幕墙），其余未注明的墙为200，未标注门垛为100。
3. 雨水管及地漏位置详水施图。

营城造市　TOWN AND CITY CONSTRUCTION　　商业

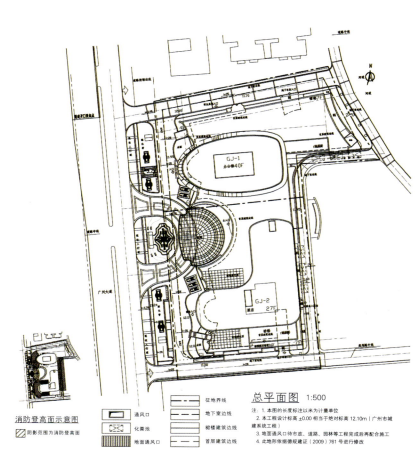

总平面图 1:500

BUSINESS

营 城 造 市
TOWN AND CITY CONSTRUCTION

上海中心大厦

工程档案

建筑设计：同济大学建筑设计研究院
项目地址：上海浦东新区
占地面积：10364m²
建筑高度：632 m

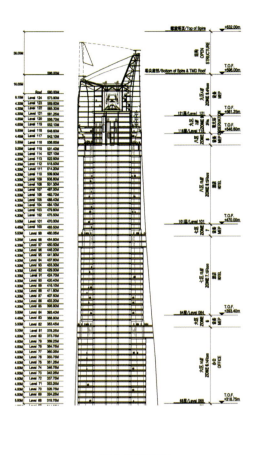
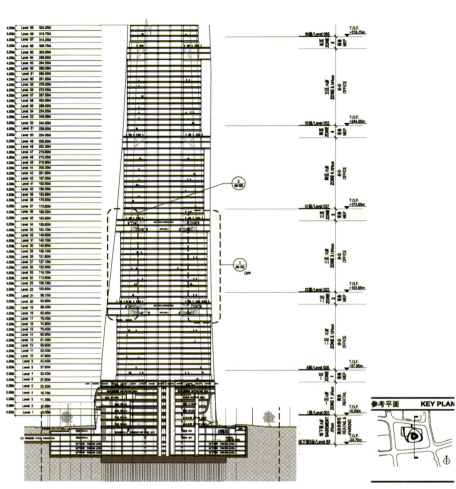

南北向剖面图

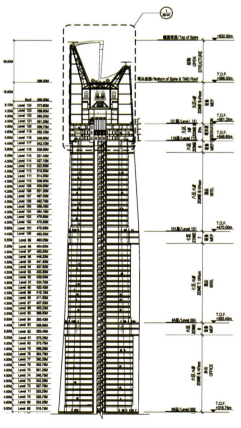
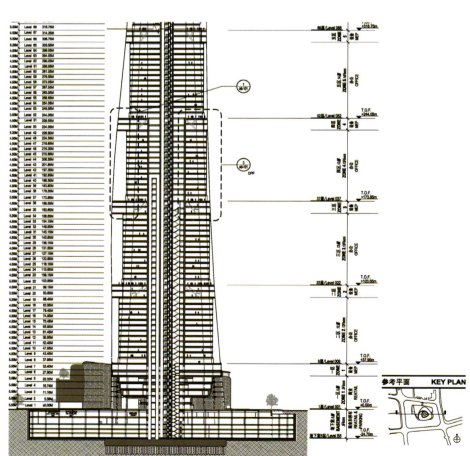

东西向剖面图

BUSINESS

营城造市
TOWN AND CITY CONSTRUCTION

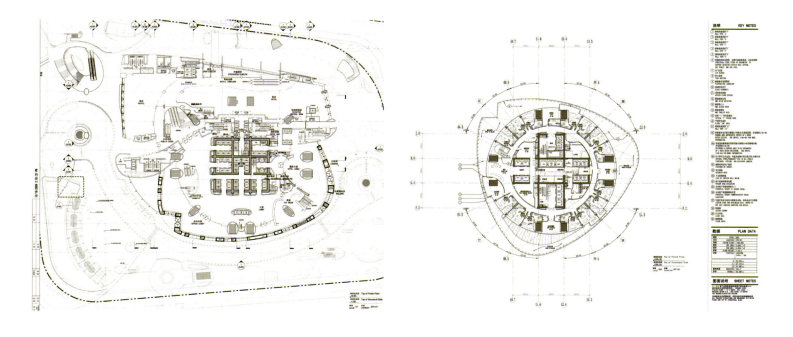
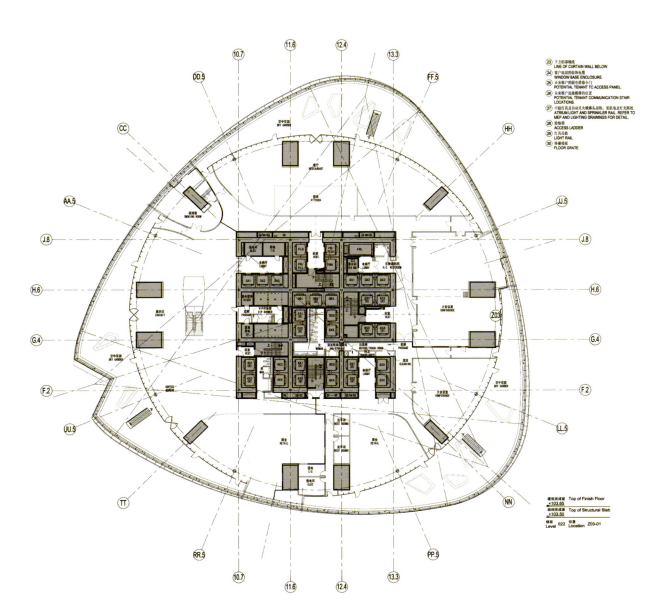

营 城 造 市
TOWN AND CITY CONSTRUCTION

商业

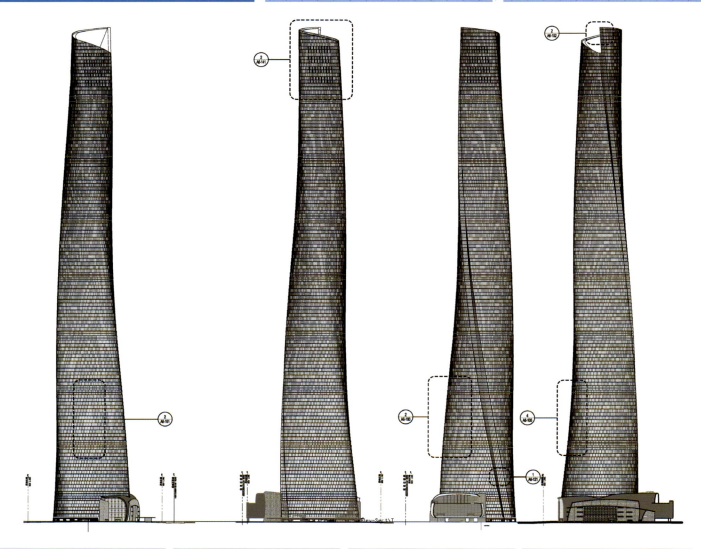

BUSINESS

营 城 造 市
TOWN AND CITY CONSTRUCTION

上虞百官广场

工程档案

建筑设计：浙江省建筑设计研究院
项目地址：浙江上虞市
建筑面积：128000m²
建筑高度：207m

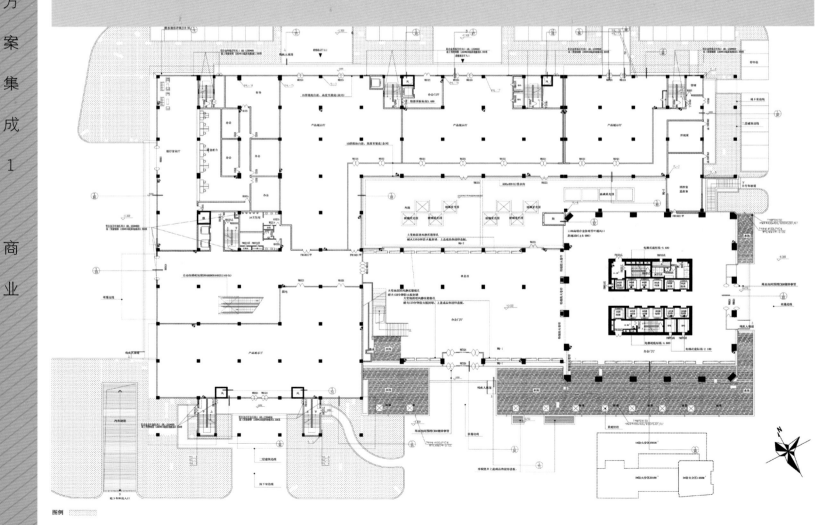

BUSINESS
营 城 造 市
TOWN AND CITY CONSTRUCTION

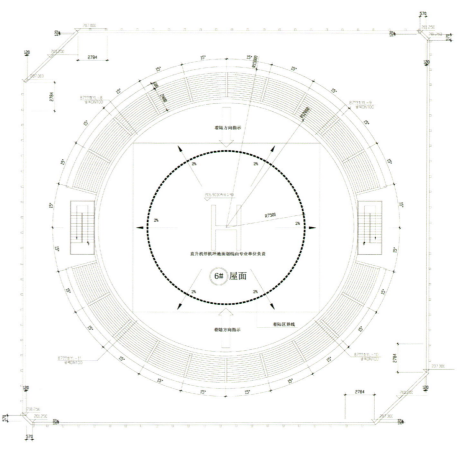

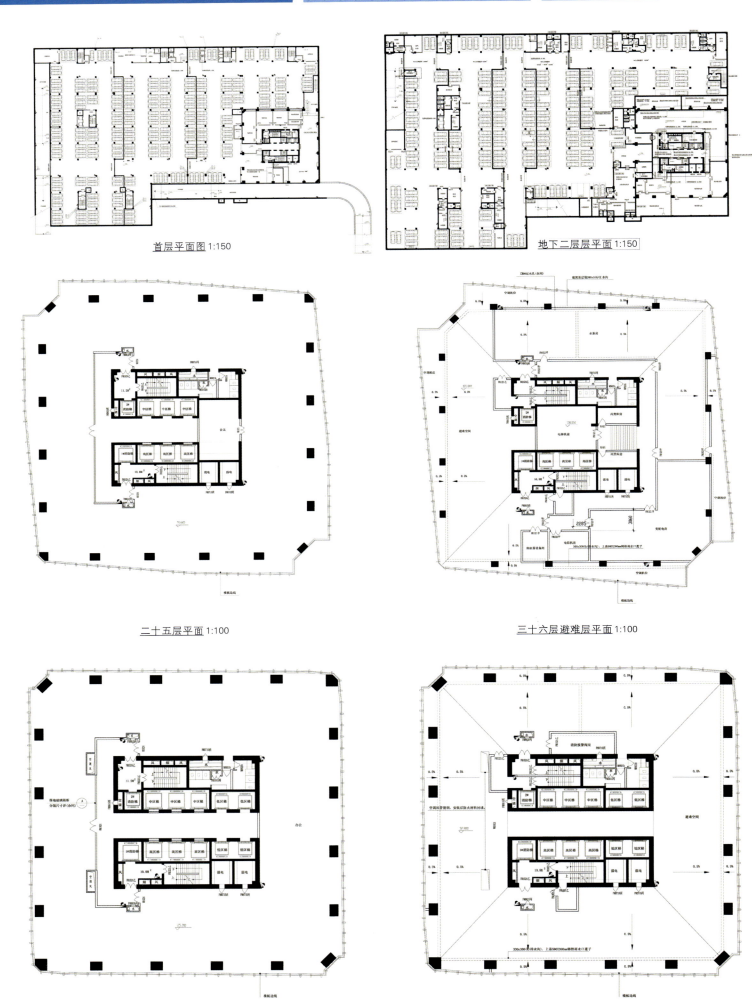

BUSINESS

营 城 造 市
TOWN AND CITY CONSTRUCTION

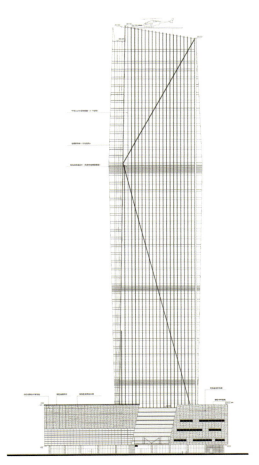

七层平面 1:100

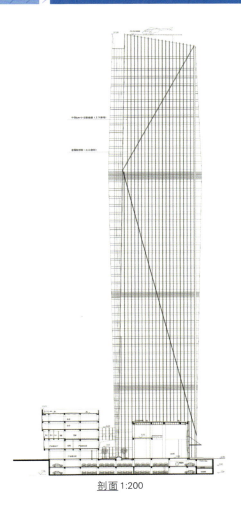

剖面 1:200

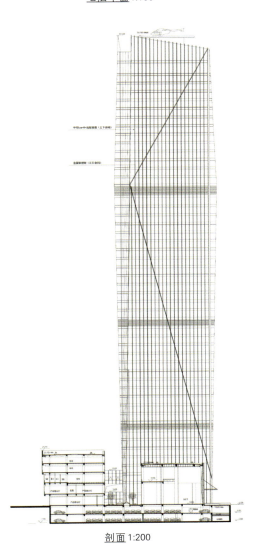

剖面 1:200

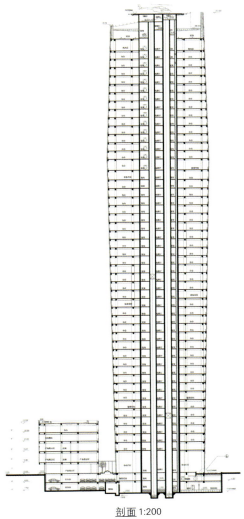

剖面 1:200

营城造市 TOWN AND CITY CONSTRUCTION　　商业

广州越秀城建"西塔"

工程档案

建筑设计：华南理工大学建筑设计研究院
项目地址：广东省广州市
建筑面积：31084.96m²
建筑高度：434m

项目概况

广州越秀城建"西塔"项目总用地面积31084.96m²，塔楼总高度434m（不含直升机平台高度），共103层，总建筑面积约45万平方米，西塔项目功能复杂，包括超甲级写字楼、白金五星级酒店、公寓、高档次的商业区和后勤服务裙楼。其主塔楼部分主要组成：

a. 1–66层：层高4.5m的超甲级办公楼，总面积16.7万平方米
b. 69–100层：白金五星级的四季酒店，共有房间约325间。

2011年初西塔的商业区、办公区及公寓区相继落成使用，2012年7月西塔最后一个功能区域—四季酒店完工开业标志着西塔的竣工。

当代中国建筑方案集成 1 商业

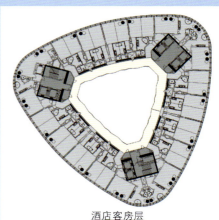

酒店客房层
主楼82层平面图（354.375m）

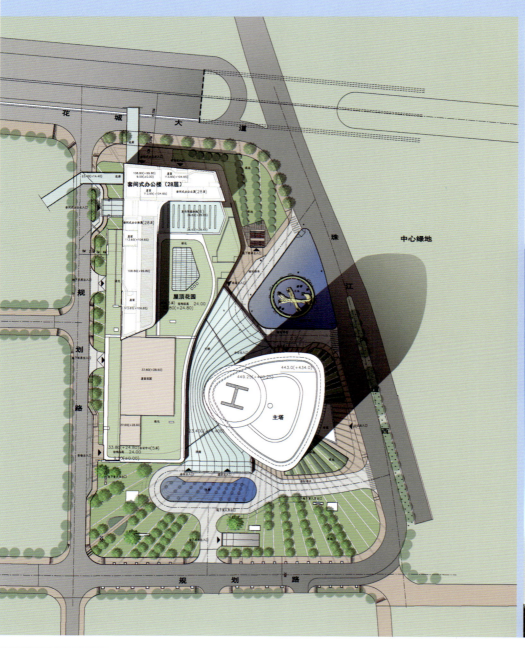

BUSINESS

营城造市
TOWN AND CITY CONSTRUCTION

剖面图

157

营城造市
TOWN AND CITY CONSTRUCTION

商业

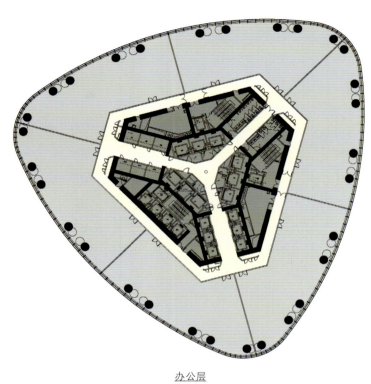

办公层
主楼29层平面图（+126.100m）

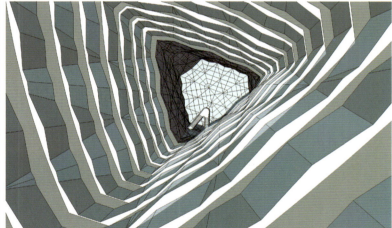

合肥包河万达广场

工程档案

建筑设计：安徽省建筑设计研究院有限公司
项目地址：安徽合肥
建筑面积：700000m²

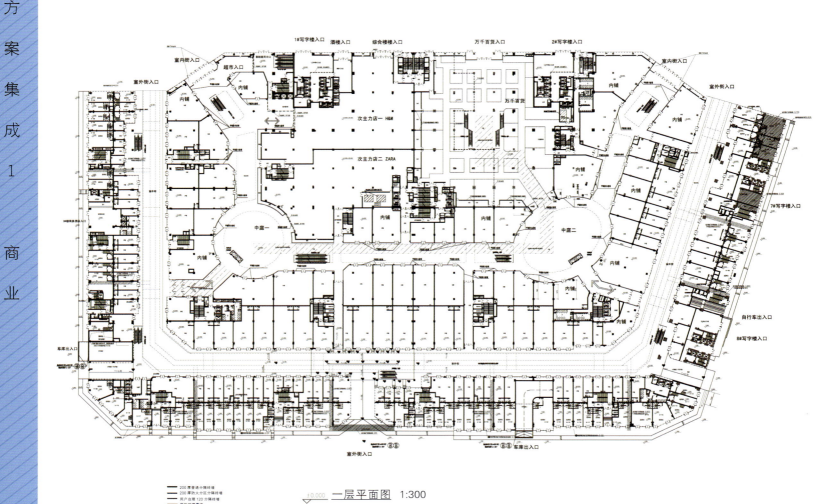

一层平面图 1:300

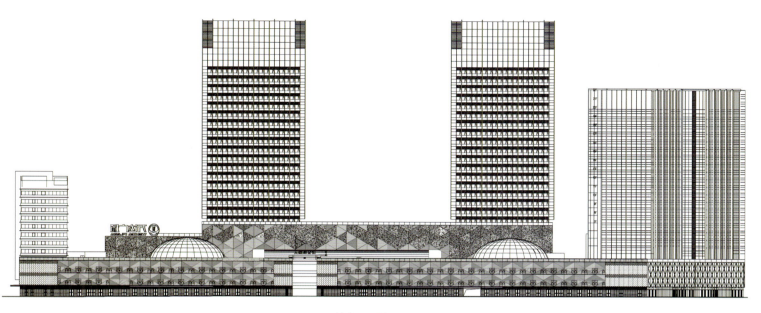

轴立面面图 1:300

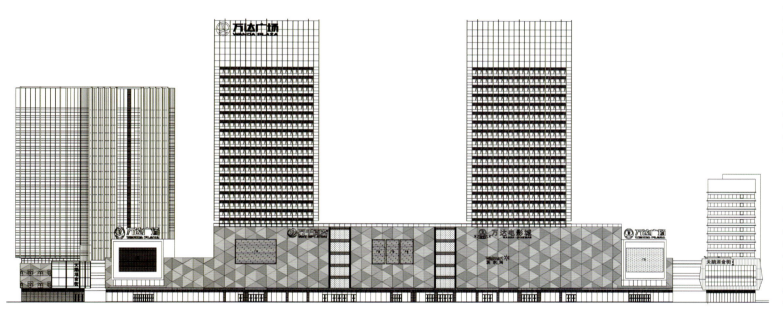

轴立面面图 1:300

苏州工业园区彩世界商业中心

工程档案

建筑设计：苏州九城都市建筑设计有限公司
项目地址：江苏省苏州市
用地面积：100000m²
建筑面积：25145.6m²
建筑基底面积：11538.5m²
建筑高度：16.25m（3层）
容积率：1.32
绿化率：34%

项目概况

彩世界商业中心是为外来务工人员社区提供配套服务的综合性设施。通过地景化的形式策略，建筑与场地内的公园和宿舍形成积极的对话关系，为远离城市的居民提供一种兼具都市街巷氛围与郊区环境品质的生活空间，其特别的形式使整个社区获得一种独特的标识性和领域感。

商业中心北临钟园路，西靠星龙街，包括商业、商务、餐饮、社会配套等功能，它由三条起伏的条状建筑所组成，条状建筑保证了商业临街面的最大化。几条连续起伏的折板屋面削弱了商业中心的体积感，使其很好的融入到公寓中，同时为人们提供了独特的充满趣味性的消费体念。在此时，设计者发现建筑的造型设计已水到渠成了，石材与透明的幕墙为主要墙面、清水混凝土呈现出折板的轮廓线，建筑具有非常好的整体性，同时散发出独特的个性，材料运用也提升了其商业建筑的品位。

考虑到从高层公寓俯视西侧公园和商业中心时，大面积的混凝土屋面将给观景者带来的巨大的负面影响，同时为了更好融入公园，商业中心的折板屋面采用了植草屋面，更有几处与地面相接处，草坪从地面一直铺到屋顶，再也分不清建筑与景观的边界。这么陡坡的植草屋面，在建筑设计来说是个非常大的挑战，主要有两大技术难点：一是屋面的防水与草地的蓄水是个矛盾，而是暴雨时泥土的滑坡现象。第一难点采用了上海的新型建筑产品—夹层塑料板得以解决，夹层塑料板有碗行的凹洞密排而成，具有很好的刚度，而小碗可以蓄少量的水，当积水超过一定量时就有组织的排出，在屋顶两长边设计了排水天沟，每个柱网屋顶设挡水，把雨水导入天沟。第二难点解决的方法其实很简单，每个柱网已设置的挡水墙也可做挡土墙用，而每个柱网内再设置横纵各三道挡土墙以防止滑坡。这些挡土墙比覆土层稍低，草地覆在屋面也可种活，这样露出草面的女儿墙正好控制在轴线上，突出了建筑的线条感。

一眼望去，商业中心连续的折板互相错落、不尽相同，屋面上满铺绿草，铺地而起，具有强烈的视觉冲击，然而它又隐于整个公园里与公园融与一起，这可能是这个建筑的魅力所在。

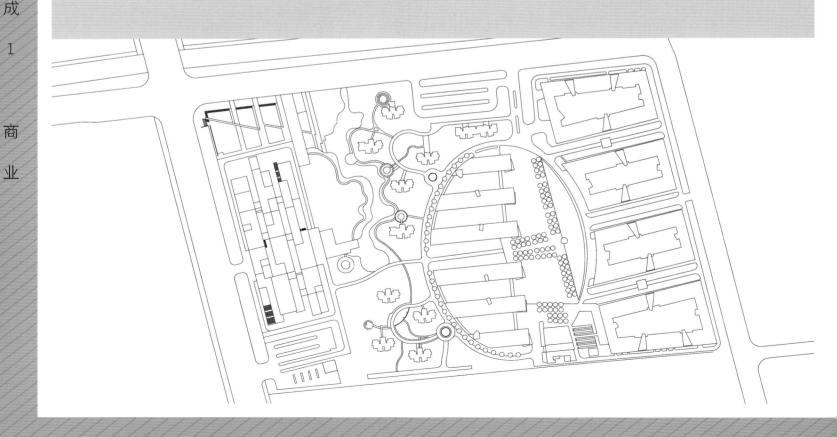

BUSINESS

营 城 造 市
TOWN AND CITY CONSTRUCTION

营城造市
TOWN AND CITY CONSTRUCTION

商业

BUSINESS 营 城 造 市
TOWN AND CITY CONSTRUCTION

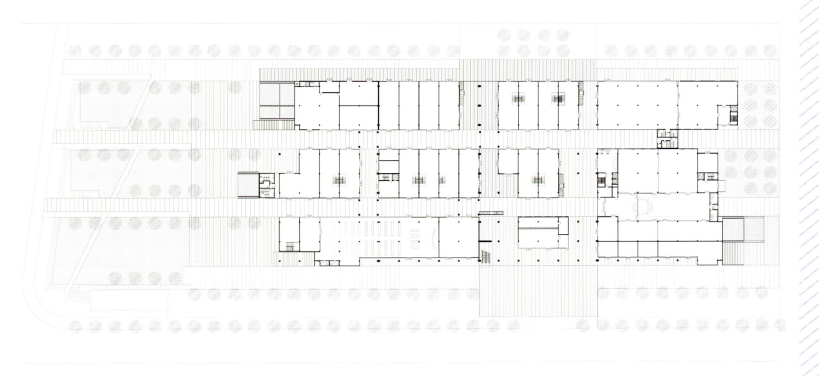

一层平面图

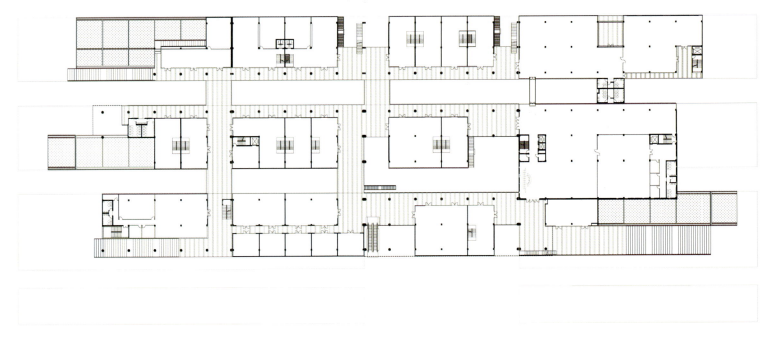

二层平面图

东立面

西立面

北立面

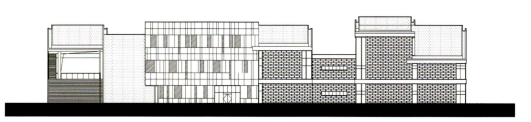

南立面

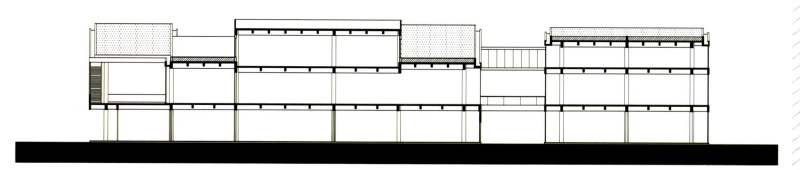

剖面 1-1

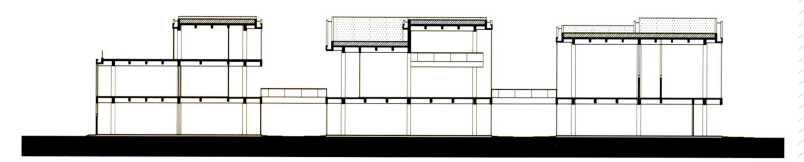

剖面 2-2

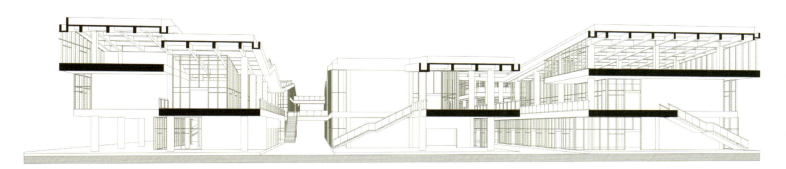

剖透视

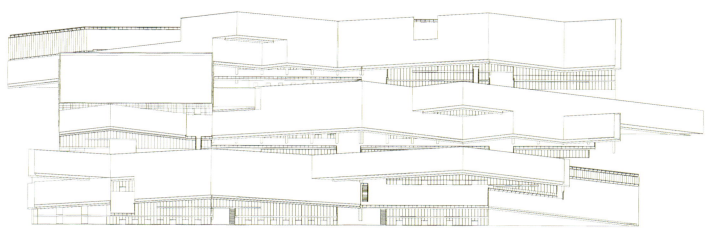

剖轴测

东盟国际商务园区韩国园区

工程档案

建筑设计：广西华蓝设计（集团）有限公司
项目地址：广西省南宁市
用地面积：39356.65m²
建筑面积：61840m²
地上建筑面积：3137.5m²
地下建筑面积：13714.28m²
容积率：1.169
建筑层数和高度：
　　办公楼：地上6层，地下1层，建筑高度24m
　　1#商业楼：地上2层，地下1层，建筑高度24.4m
　　住宅楼：地上2层，地下一层，建筑高度23.48m

项目概况

项目位于中国南宁东盟商务区，地块北邻民族大道，东邻冈岭立交，西邻马来园，南邻朱槿路，交通便利，地理位置优越。地块总用地面积39356.65m²，总体规划以韩国太极旗格局为布置基础。以建筑单体形塑各个独立又相连的外部开放空间，中轴以人行步道及住宅底部架空南北连贯，中心布置大型开放空间，形成小区生活的中心。向东于冈岭立交及朱槿路交汇处布置联络处，突显该建筑的重要与代表性。沿民族大道设立商业和办公，中轴东面为办公，西面为商业。在西北角设独立出入口串联民族大道沿街的商业氛围，并延伸至地块西侧，既延续了朱槿路的商业活动，更由于紧邻地块住宅小区主入口，提供小区居民生活的便利。

建筑平面设计上，商业楼为一至二层。西侧一层商业和马来园间留设尺度合宜的步行街景色，北侧为二层商业楼建筑形体上利用的凹凸变化，塑造丰富有趣的商业氛围。商业以8m至10m为单元，保持商业使用空间的使用弹性。

办公楼为1~6层，搭配北侧商业楼，面向民族大道。办公空间朝外布置，走道及服务空间放置一侧，使办公空间有最大的使用弹性。立面结合现代建筑简洁大气的建筑风格，并争取最大的采光通风开窗。

住宅平面为南北向布置，均为一梯两户，有良好的采光通风面。所有户型均能做到明厨明厕，所有卧室均有采光面，客厅及主卧均朝南。各户型均有良好的动静分区，入口可设置玄关，私家阳台及露台可做为庭院绿化，丰富生活的绿意。飘窗设计有效拓展室内空间，并解决空调外机置放的问题。公共梯间自然采光通风，外部花台可带入绿意。

建筑造型秉承韩国传统建筑精髓，结合现代建筑简洁、明快、大气的建筑风格。建筑色彩以白灰色为基调，局部以深色檐口及装饰线条加深立面的对比，饰以韩国传统砖雕图案装饰，屋顶飞檐结合建筑型体诠释韩国精神意向。

景观设计特点

景观总体规划概念

整体概念以韩国国旗图腾为主轴，取其阴与阳，旋转之精神，并结合太极之内涵，致力于韩国及中国文化之融合，但不失韩国之特色，以现代之材料及表现手法，创造出具现代韩国特色之景观庭园，主要由下列几点规划：

① 阴与阳：对比的手法，透过材料的不同，如水与花，铺面与植栽等方式表现。或是透过色调之不同，如黑与白，深与浅等方式表现。

② 色调：利用韩国传统建筑及景观之材料用色，如灰砖、黑瓦及石材等灰黑色系为基调，另外韩国之图腾或是服饰常用之红黄蓝色调作为装点美化之重点。

③ 韩国图腾：包括其国旗国腾，另外在韩国传统建筑常用之语汇，如格子窗，太极图样等都可以融入到景观的细部中。

④ 广西当地特色：融合当地特色，如桂林山水、绿城等概念。

⑤ 地形：利用现况地形之优势，创造高低差变化之趣味性

⑥ 材料：除了传统韩国园林常用之石材及水景等手法外，引入现代材料，如光、琉璃等。

⑦ 植栽：选择韩国较常使用之植栽种类，但是必须能够在南宁生长良好之乔木及灌木，如樟树，枫香等。而不使用具南洋风味之植栽。

景观配置说明

① 中庭配置：以韩国旗图腾为中心设置游泳池，利用池底铺面之变化表现图腾样式，周边设置儿童游戏场及休憩广场等设施，作为全区之活动空间。

② 中央主轴：由南至北贯穿全区，利用步道、水景喷泉及树列强化轴线之意象，串起全区之景观主体，并利用高程差创造地形之变化塑造花阶，落瀑等景观焦点。

③ 商业步行街：与马来园间之商业街，以舒适之铺面提供购物空间。

区内道路系统：实行人车分道之作法，确保行人之舒适度，于车道列植乔木，创造林荫道路之效果。

细部表现元素

① 韩国传统园林之叠石花台

② 韩国图腾之装饰。

③ 结合韩国园林及桂林山水之花与石庭园。

④ 颜色对比之格子图案铺面

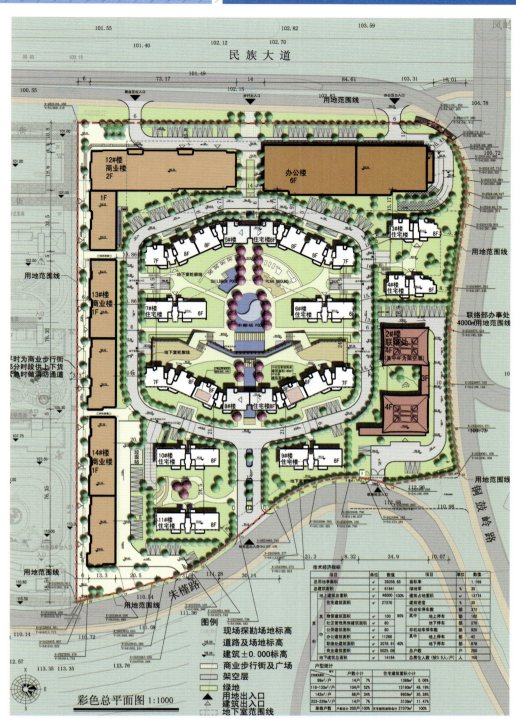

彩色总平面图 1:1000

营 城 造 市
TOWN AND CITY CONSTRUCTION

商业

商业

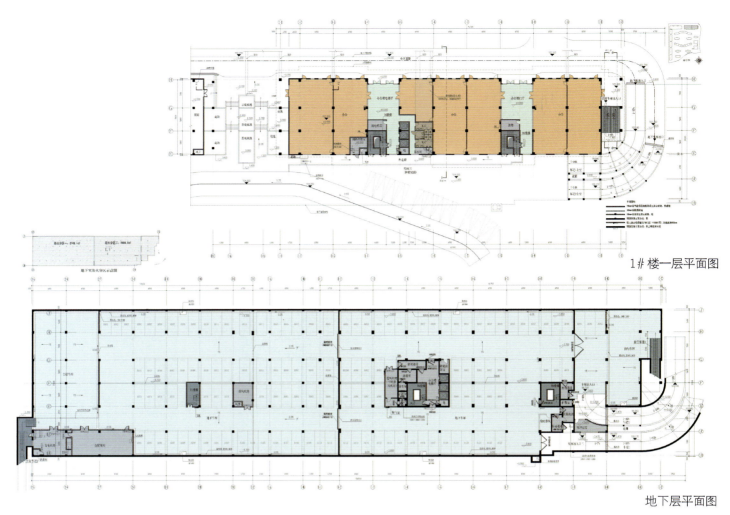

1#楼一层平面图

地下层平面图

1#楼六层平面图

1#楼二~五层平面图

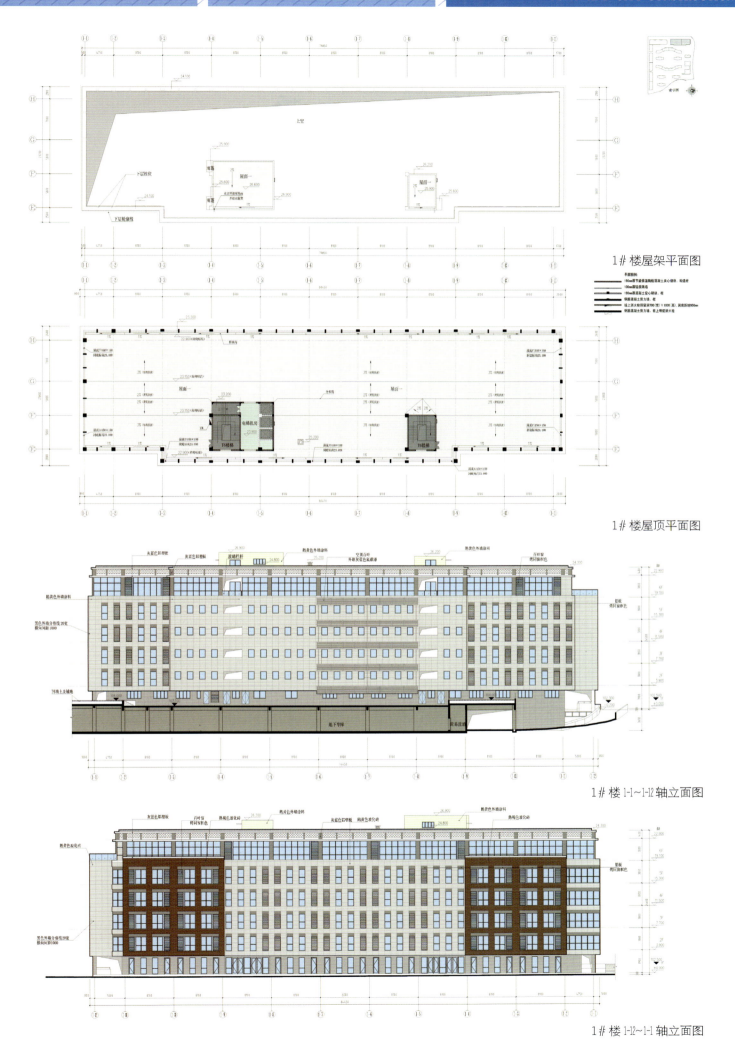

1# 楼屋架平面图

1# 楼屋顶平面图

1# 楼 1-1~1-12 轴立面图

1# 楼 1-12~1-1 轴立面图

1# 楼 E~H 轴立面图

1# 楼 J~1/B 轴立面图

1# 楼 2-2 剖面图

1# 楼 1-1 剖面图

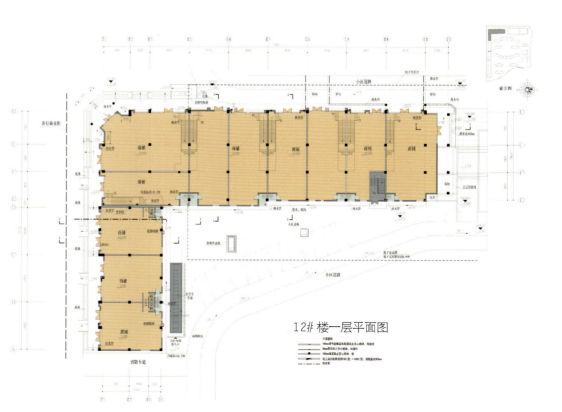

12# 楼一层平面图

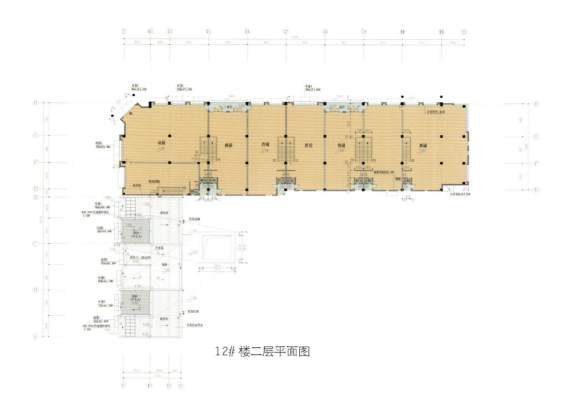

12#楼二层平面图

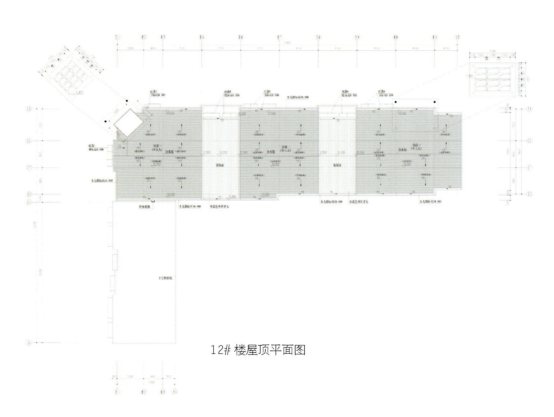

12#楼屋顶平面图

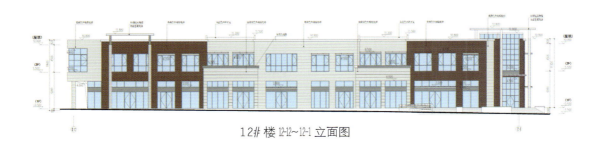

12#楼 12-12~12-1 立面图

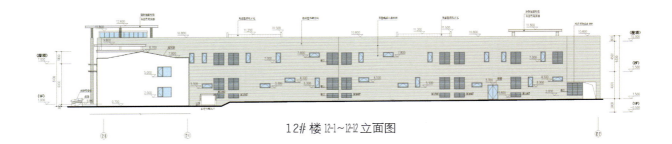

12# 楼 12-1~12-12 立面图

12# 楼 H-A 立面图

12# 楼 E-H 立面图

12# 楼 A-D 立面图

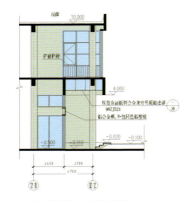

12# 楼 5-5 剖面图

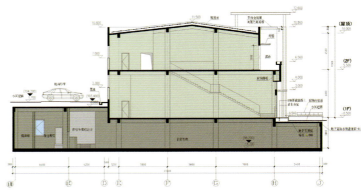

12# 楼 1-1 剖面图

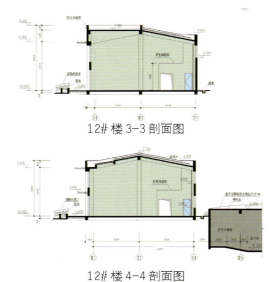

12# 楼 3-3 剖面图

12# 楼 4-4 剖面图

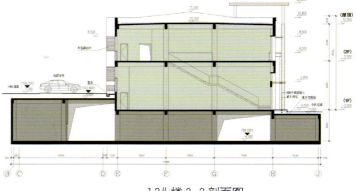

12# 楼 2-2 剖面图

二层平面图

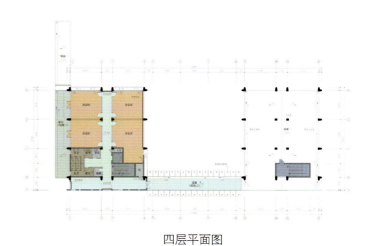
四层平面图

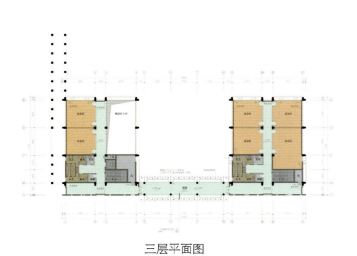
三层平面图

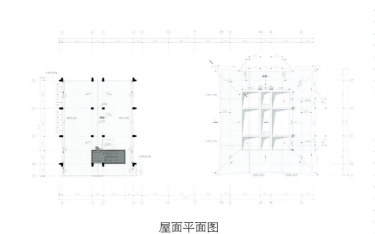
屋面平面图

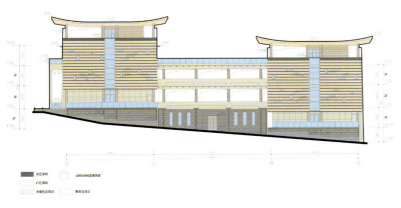
1~12轴立面图

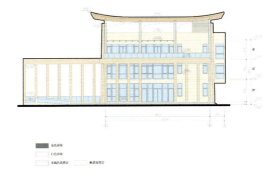
E~A轴立面图

营城造市
TOWN AND CITY CONSTRUCTION

商业

12~1 轴立面图

A~E 轴立面图

1-1 剖面图

5# 楼半地下一层平面图

5# 楼一层平面图

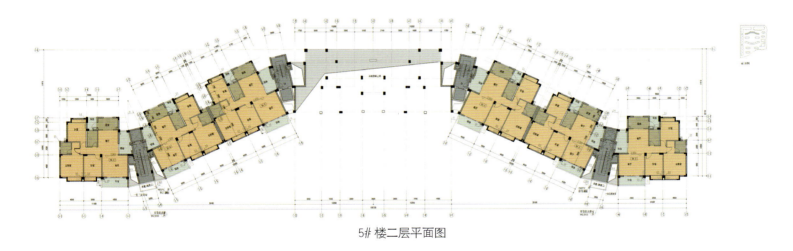

5# 楼二层平面图

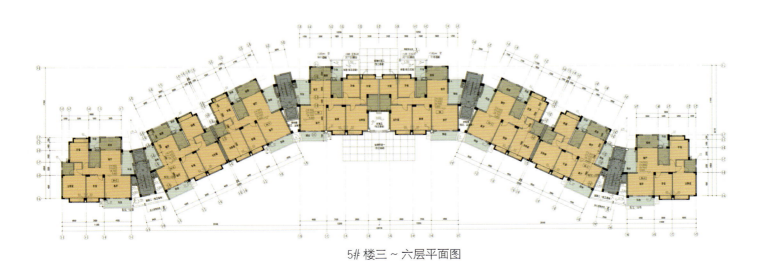

5# 楼三~六层平面图

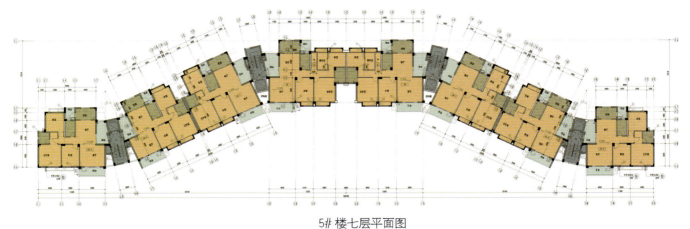

5# 楼七层平面图

5# 楼八层平面图

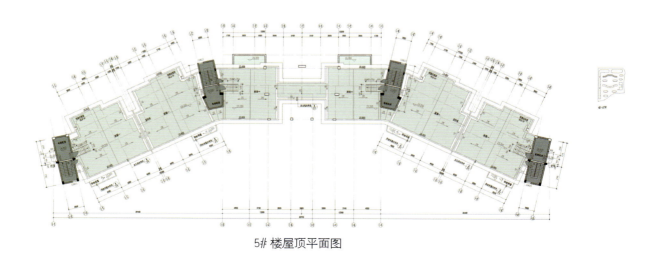

5# 楼屋顶平面图

5#楼 5-L-5-A 立面图　　5#楼 5-A-5-L 立面图　　5#楼 1-1 剖面

5#楼 5-1-5-73 轴立面图

5#楼 5-73-5-1 轴立面图

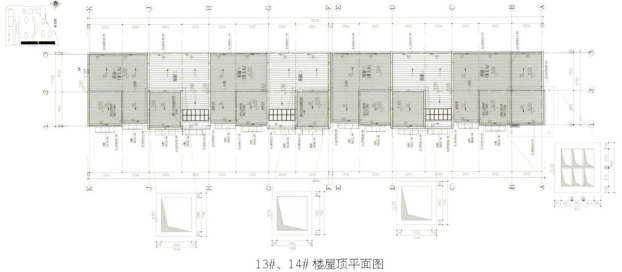

13#、14#楼屋顶平面图

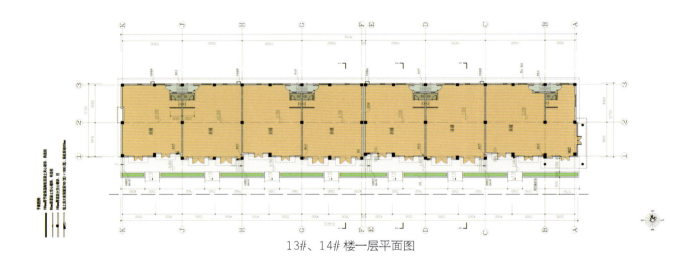

13#、14#楼一层平面图

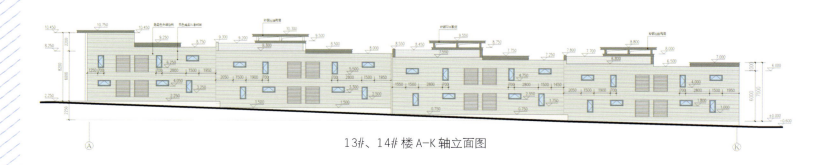

13#、14#楼A-K轴立面图

13#、14# 楼 K-A 轴立面图

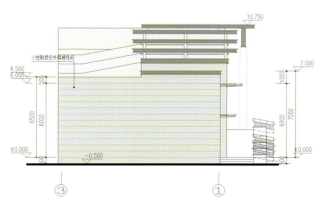

13#、14# 楼 3-1 轴立面图

14# 楼 1-3 轴立面图

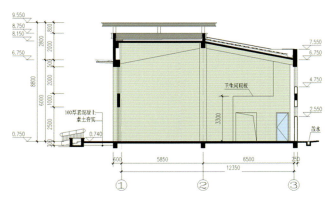

13#、14# 楼 1-1 剖面图

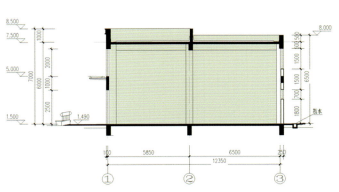

13#、14# 楼 2-2 剖面图

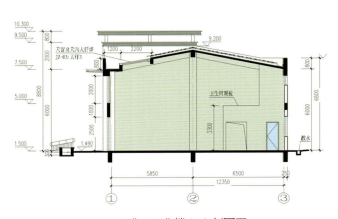

13#、14# 楼 3-3 剖面图

沈阳铁西万达广场

工程档案

建筑设计：大连市建筑设计研究院有限公司
项目地址：辽宁省沈阳市铁西区
建筑面积：158713m²
地上建筑面积：103963m²
地下建筑面积：53650m²
用地面积：53081m²

项目概况

工程位于沈阳市铁西区沈辽中路、兴华南街、景星南街围合地块内。周围交通便利，人、车流量较大，是沈阳市规划中的商业核心区。

沈阳铁西万达广场大商业部分以东西贯穿的三层高精品步行街为纽带串联娱乐楼、时尚楼、百货三个主力店单体，在娱乐楼、时尚楼、百货上分布四栋点式100m以下的高层公寓楼，用高大的建筑体量彰显沈阳铁西万达广场的规模，树立沿街形象。整个商业广场内容纳了步行街、电玩、KTV、影城、百货、餐饮等众多商业业态，是集休闲、娱乐、餐饮于一体的大型商业综合体。

本项目建筑物耐久年限为二级，50年；为一类高层建筑，耐火等级为一级；抗震设防烈度为七度；采用框架剪力墙结构及框架结构。

商业部分建设两层地下室，用于布置设备用房、货物仓库和停车位，为商业中心的发展提供良好硬件配套，共设置三个地下车库出入口。

设计特点

沈阳铁西万达广场作为万达集团在全国开发的第三代综合购物中心之一，方案设计重点体现万达集团的企业特点，迎合业主经营理念，体现建筑"以人为本"的设计思想。

本项目的特点是商业综合体业态众多，功能复杂，各种交通流线组织繁杂，在达到各项技术合理的同时满足使用空间的舒适度要求。本设计力求达到功能合理、空间舒适、形象突出。

功能布局

综合权衡使用的效果和经济性，商业部分主要柱网的排布尺寸确定为 8.4m×8.4m，室内布置贯彻商业空间的特色，简洁、大气、耐看。一、二、三层步行街空间上下贯通、一气喝成，通过数处架空廊桥连结；步行街交接处放大，形成室内中庭，并在此处设置垂直交通工具，形成一个看和被看的交互空间；在业态分区组织上，充分考虑人的特性，穿插或集中布置咖啡、冷饮、小吃吧，为顾客聚集和穿越时提供一个稍事休息的场所。

本项目为保证商业整体性和连贯性，采用消防性能化设计解决消防疏散问题；通过消防性能化实验论证，将步行街设计为消防亚安全区，通过加强其他消防措施，使得整个步行街内无一道防火卷帘，保证室内商业步行街的连贯和美观。

商业

BUSINESS

营 城 造 市
TOWN AND CITY CONSTRUCTION

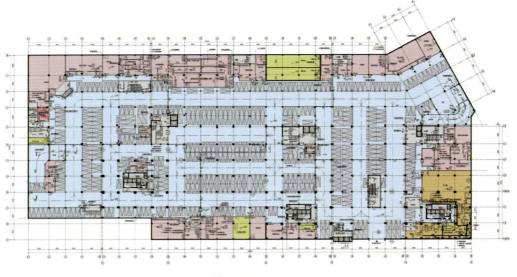

地下二层平面图

地下一层平面图

一层平面图

二层平面图

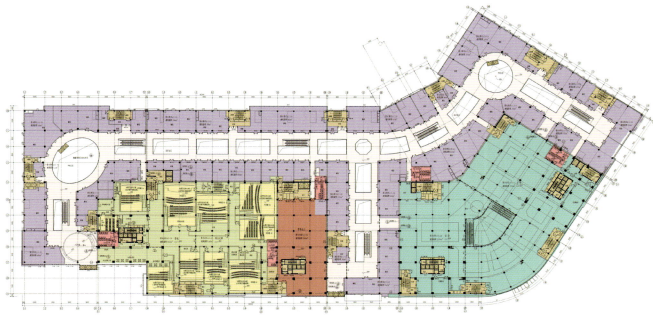

三层平面图

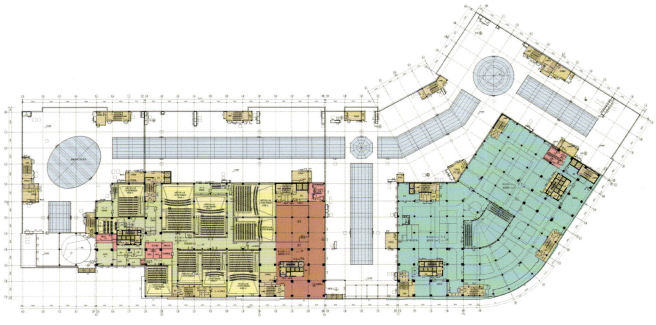

四层平面图

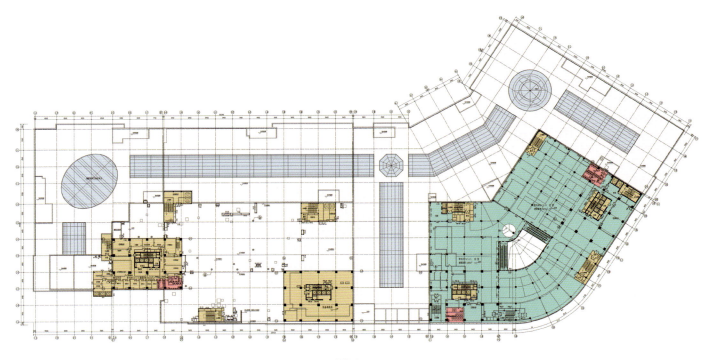

五层平面图

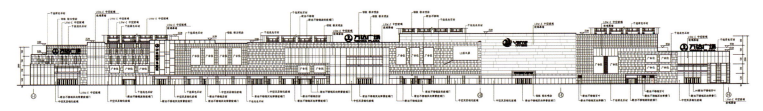

1-1-1-41 立面图

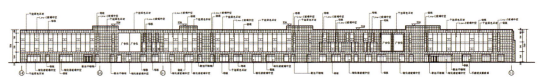

1-41-1-1 立面图

1-A-1-M 立面图

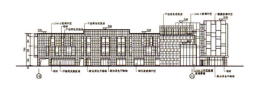

1-M-1-A 立面图

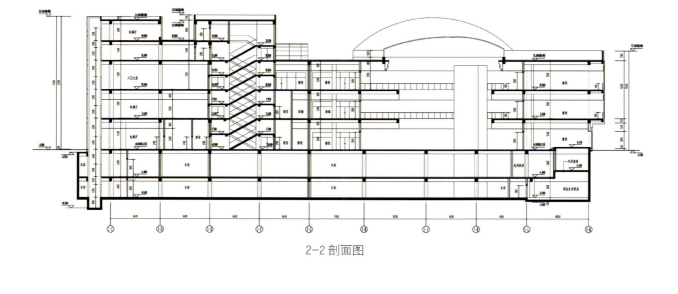

2-2 剖面图

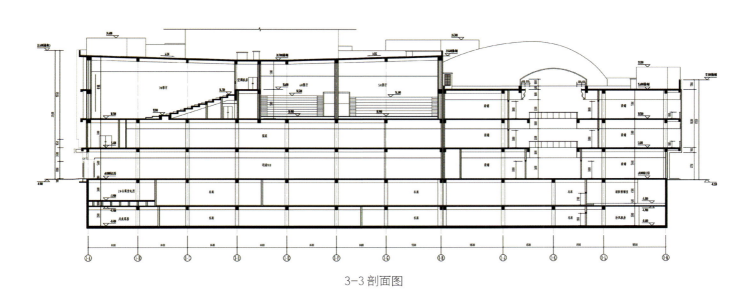

3-3 剖面图

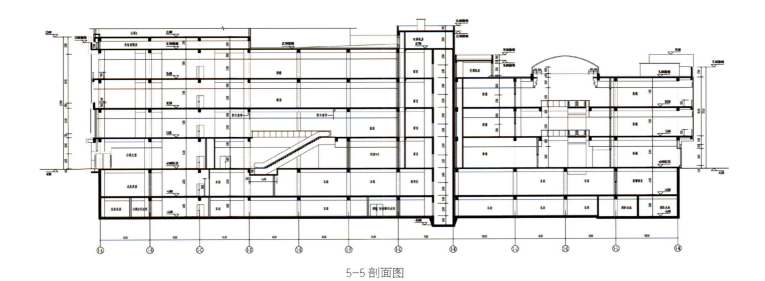

5-5 剖面图

沈阳万达广场（太原街一期工程）

工程档案

建筑设计：大连市建筑设计研究院有限公司
项目地址：辽宁省沈阳市太原街
建筑面积：97102m^2
地上建筑面积：77542m^2
地下建筑面积：19560m^2
占地面积：21900m^2
建筑高度：27.3m
停车：340辆

项目概况

本项目位于沈阳市和平区，北依中华路、东临太原南街、南朝南一马路。该地块地形平坦，原地貌为浑河冲积平原，由第四纪冲洪积形成。场地地面自然标高42.74~43.09m，最大相对高差0.35m。

该地块周围交通便利，人、车流量较大，是沈阳市的商业核心区。民主南街穿越地块，将用地分为两个部分，左侧为沃尔玛购物中心和百安居建材家居广场，右侧为鹏润电器、百盛百货及精品步行街。左右地块各有满铺地下室一个，靠两个过街通道联系。此建筑是一栋地上四层局部五层、地下一层的商业建筑。

本工程为改造项目，体现商业建筑'以人为本'的设计思想，充分利用商业广告的布局营造舒适的购物环境。

设计特点

由于整个商业部分以四层室内商业步行街为纽带，将各个单体建筑构成综合体。利用东西贯通的主步行街和垂直这条步行街南北走向的次步行街，共形成六个人流出入口，从各方向到来的人流都能方便迅速地出入购物中心。重新规划后的流线设计，组织成不同层面上的购物主线，穿插在整个商业体里。沿中华路在百盛百货和鹏润电器两个建筑间设置精品步行街入口将中华路上购物人流直接引进精品步行街。精品步行街与百盛百货和鹏润电器的空中连廊有效加强了改建项目与现有商业业态的联系，提高整个商业体人流互动，带来巨大商机。精品步行街横贯东西，加强民主南街与太原南街人流的地面联系。娱乐广场主入口位于太原南街和南一马路交叉处，充分吸引大量的购物人流，并方便集散。

改建后的地下室功能仍用于设备用房、货物仓库和大量的停车位，为商业广场的发展和繁荣提供良好的硬件配套，增设了一个地下车库出入口，与原有的两个地下车库出入口满足地下停车疏散要求。

本工程采用现代的设计手法，通过大面积的虚实对比及商业广告招牌的运用，创造出建筑的商业气氛。本建筑的立面设计在结合自然的环境，考虑采光、通风的同时，追求稳重、现代、简洁的立面造型。

外立面的材料主要是石材、铝合金深框玻璃窗和玻璃幕墙，精心的元素设计与建筑本身体量相结合，形成了一定的韵律和节奏，打破了大体量建筑的呆板格局，形成了舒展、轻灵、现代的立面效果。以城市风貌为出发点，以简洁现代的造型设计手法，强调快速发展的时代感，在设计手法上以不同的风格来烘托不同的业态主体，同时以此来体现开发商、主力店、业主的精神面貌和气质，突出商家的大气与实力。

营 城 造 市
TOWN AND CITY CONSTRUCTION

商业

BUSINESS 营 城 造 市
TOWN AND CITY CONSTRUCTION

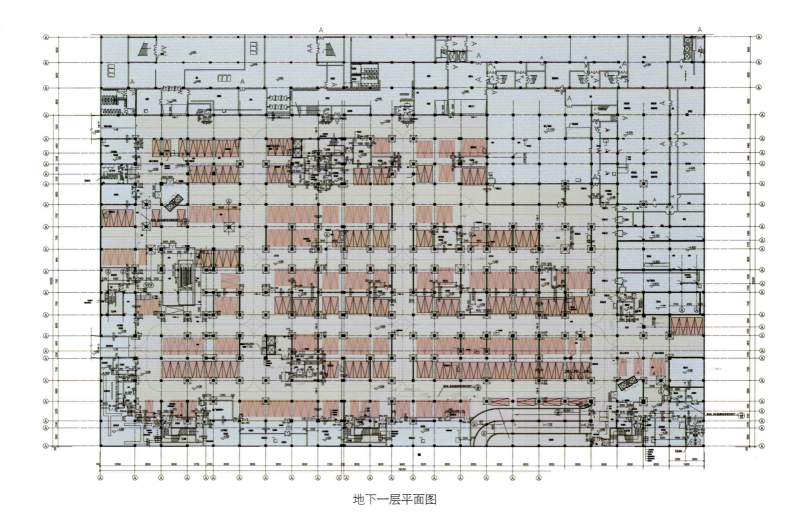

地下一层平面图

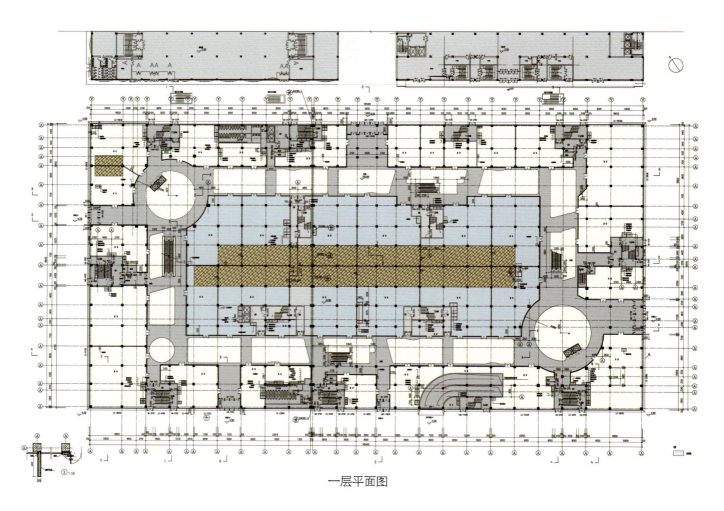

一层平面图

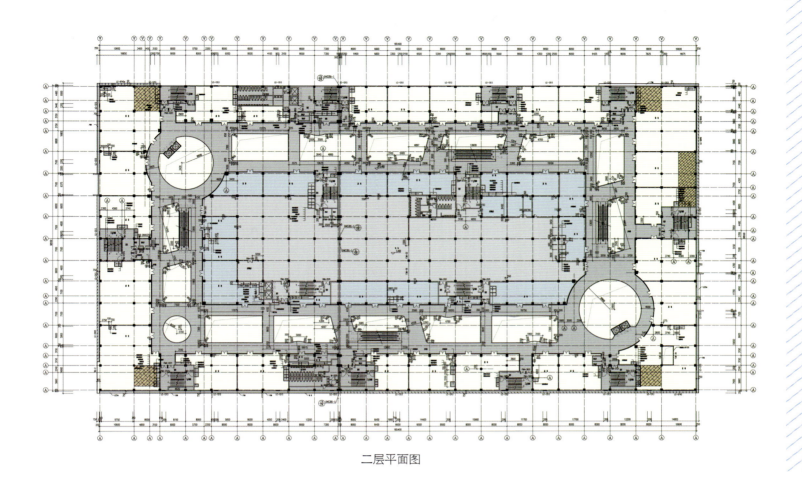

二层平面图

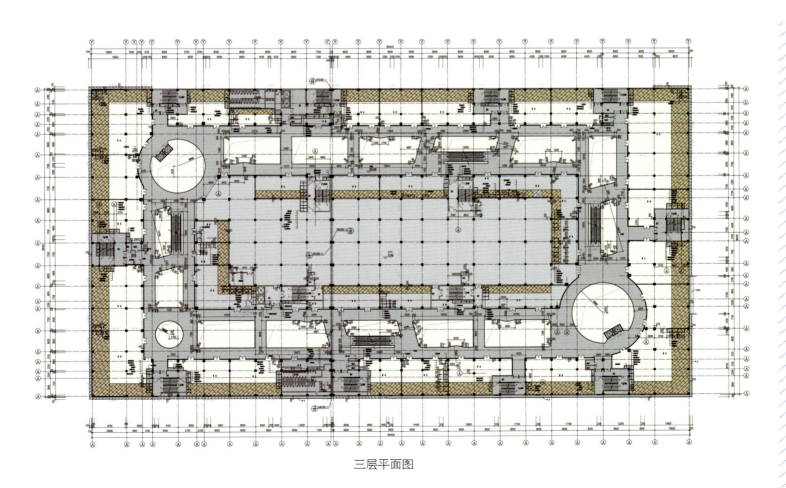

三层平面图

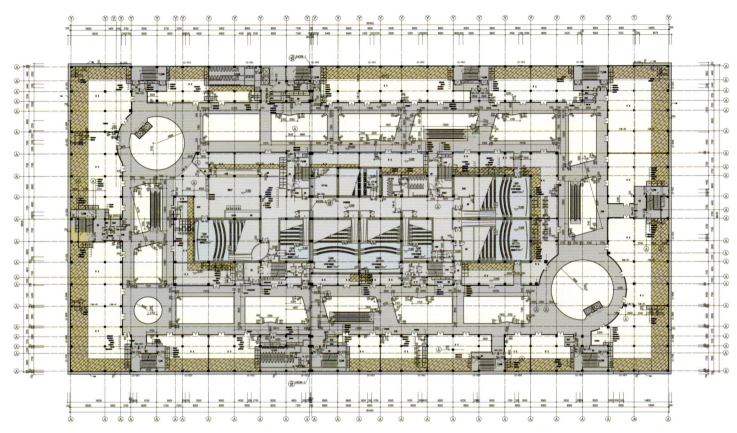

四层平面图

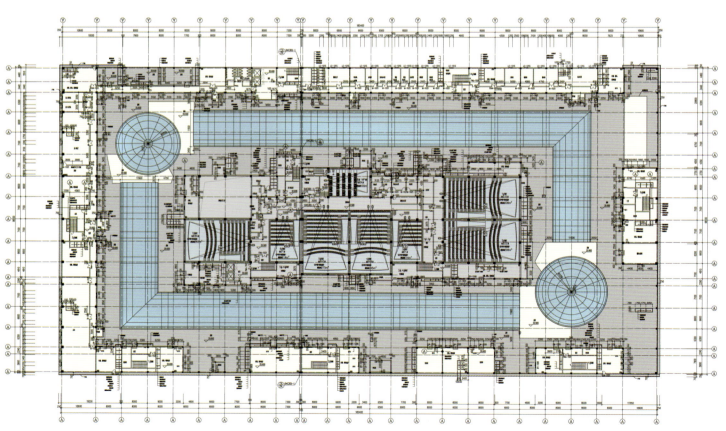

五层平面图

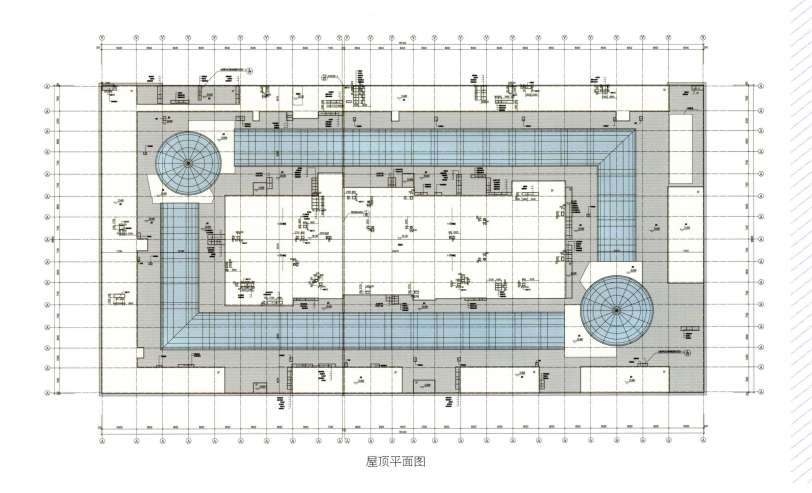

屋顶平面图

Ⱥ~Ⱥ 立面图

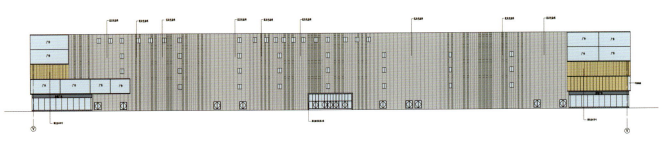

Ⱥ~Ⱥ 立面图

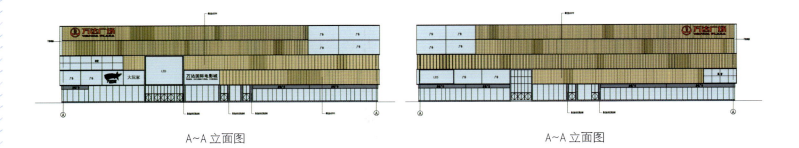

A~A 立面图　　　　　　　　　　　　　　　　A~A 立面图

A~A 内立面图

A~A 内立面图

A~A 内立面图　　　　　　　　　　　　　　　A~A 内立面图

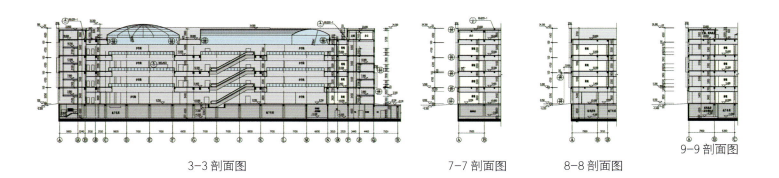

1-1 剖面图　　　　　　　　　　　　　2-2 剖面图

3-3 剖面图　　　　7-7 剖面图　　8-8 剖面图　　9-9 剖面图

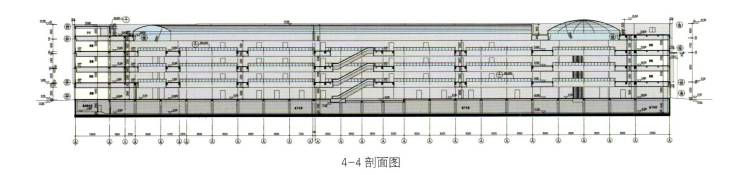

4-4 剖面图

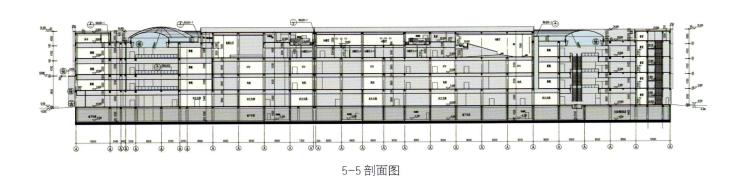

5-5 剖面图

宁波市和丰创意广场

工程档案

建筑设计：北京华清安地建筑设计事务所有限公司
项目地址：浙江宁波市江
用地面积：85400m²
建筑面积：340800m²
地上建筑面积：230750m²
地下建筑面积：110050m²
建筑基底面积：32500m²
道路广场面积：40130m²
绿地面积：17080m²
绿地率：20%
容积率：2.7
计算容积率面积：230750m²
建筑密度：39%
建筑高度：83.65m

项目概况

本项目探讨当代城市在延续历史基因、创造人性化公共空间的可能性。宁波作为中国最早开埠的城市之一，是中国近代制造业的摇篮，奉化江、余姚江、甬江所形成的三江六岸是其城市结构的最大特征。

本项目位于甬江东岸，基地原址为和丰纱厂，基地南侧为渔轮厂、造船厂、面粉厂，基地北侧为热电厂，共同构成宁波工业遗产走廊。随着宁波市落实产业结构"退二进三"的发展战略，和丰纱厂华丽转型，将打造中国东部沿海最具活力的工业设计创意基地。本项目设计思路的最重要出发点是"江"，从"去"江边、"在"江边和"望"江边这三种典型的城市空间场景出发，创建有特色的高品质写字楼群，营造城市、建筑群乃至公共空间与江的更佳关系，并使基地内的建筑群与南北两侧的其它工业遗产遥相呼应，完善甬江东岸以工业遗产为特色的城市局部。

在建筑尺度上，在格网基础上选用与江垂直布局的5幢板楼组成微差群组营造建筑形象；在中介尺度上，在基地内部以沿江层层退台、板楼之间的半开放院落及建筑底层的骑楼形成公共开放空间系统，为市民提供舒适的不同尺度、不同特质的展示、休闲、观景、购物、餐饮空间，体现了滨水建筑的特点；在城市尺度上，用准自然的起伏地形以及适当的景观构筑物改善防洪堤区域的人工岸景，塑造放松柔化的滨水公共空间。进一步将这种处理手法向北、向南延伸，将基地南北侧的工业遗产区塑造为甬江边的休闲活动绿带，为城市注入新活力。

基地内保留有原和丰纱厂办公楼、厂房，将城市历史基因在当代的城市空间中加以延续、处理新建筑与保留建筑之间的关系需重点考虑。我们在S1与S2两幢建筑之间设计向江延伸的开放城市广场，将保留建筑与新建筑有机的联系起来。采用最少干预、修旧如旧的改造策略，赋予保留建筑新的展示、创意办公等功能。

本项目主要功能包括办公、酒店、商业、餐饮、展示等，建筑主要材料为石材百叶、陶土棍、PTFE膜材、铝型材、防腐木地板等材料。项目建成以来，已进驻众多工业设计创意企业，并成功举办宁波服装节等大型活动，已成为中国东部沿海最具活力的工业设计创意基地。

营 城 造 市
TOWN AND CITY CONSTRUCTION

商业

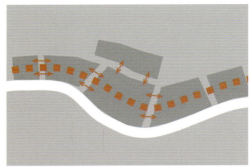

城市尺度 >> 望 / 在江边
>> 以滨水空间为代表的 ……… [串] 接工业遗产
城市形象

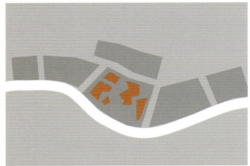

建筑尺度 >> 望 / 去江边
>> 以建筑单体或群体的 ……… [梳] 状群板
标识性增加江景的魅力

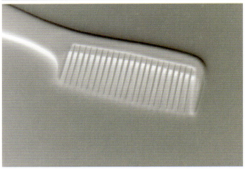

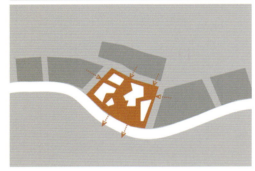

中介尺度 >> 去 / 在江边
>> 以滨水公共空间系统 ……… [指] 形公共空间
增加城市活力

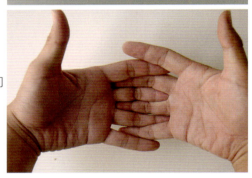

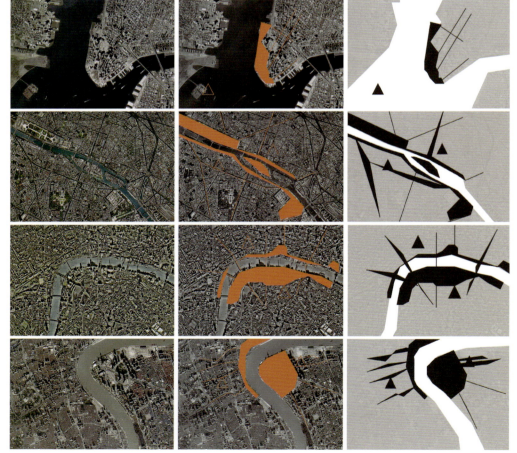

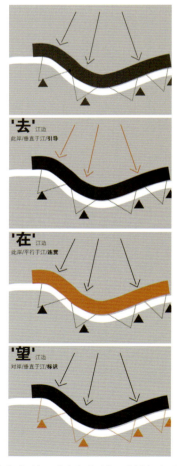

纽约 / 巴黎 / 伦敦 / 上海
世界各大城市中，滨江区域与周边城市空间的关系呈现出非常相似的'线性－放射状'组合模式

'去'江边 / '在'江边 / '望'江边是处理城市与江的空间关系中要考虑的三个基本问题

BUSINESS

营城造市
TOWN AND CITY CONSTRUCTION

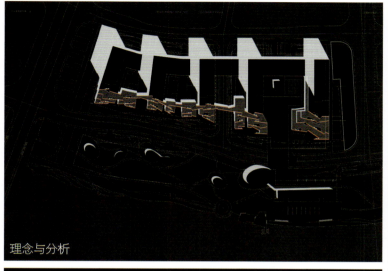

理念与分析

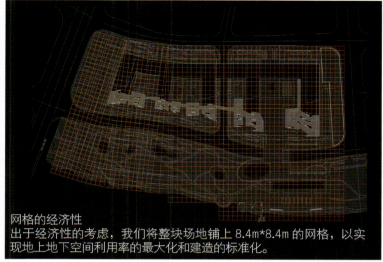

网格的经济性
出于经济性的考虑，我们将整块场地铺上 8.4m*8.4m 的网格，以实现地上地下空间利用率的最大化和建造的标准化。

裙板的标识性
从中国古代建筑装饰中观察总结而来的微差群组的冲击力使我们果断地将这五幢板楼临江一侧的建筑立面设计为拥有模数化前提下的微差造型。

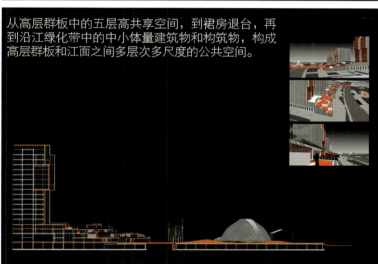

从高层群板中的五层高共享空间，到裙房退台，再到沿江绿化带中的中小体量建筑物和构筑物，构成高层群板和江面之间多层次多尺度的公共空间。

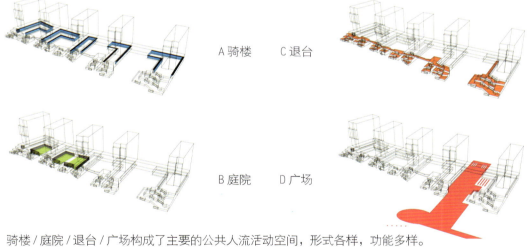

A 骑楼　C 退台

B 庭院　D 广场

骑楼/庭院/退台/广场构成了主要的公共人流活动空间，形式各样，功能多样。

高层群板底部的骑楼空间

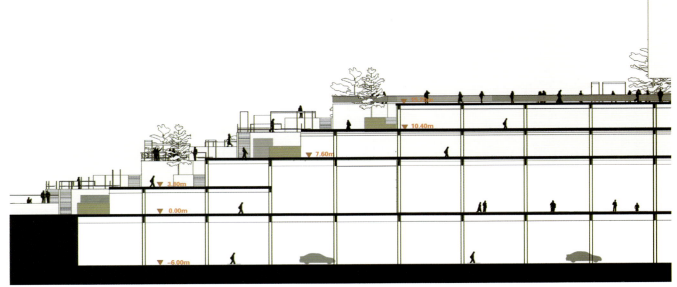

高层群板裙房的退台空间

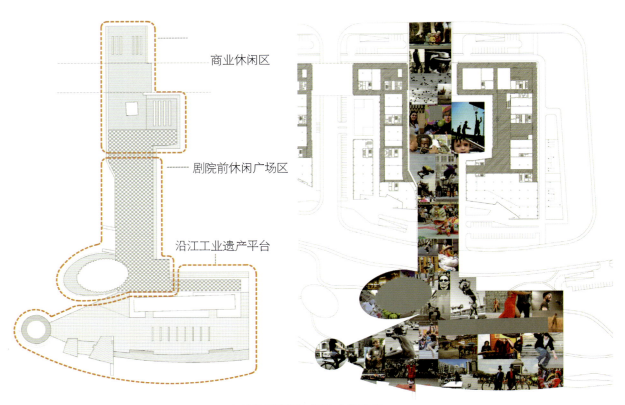

商业休闲区

剧院前休闲广场区

沿江工业遗产平台

南侧高层群板之间的广场空间

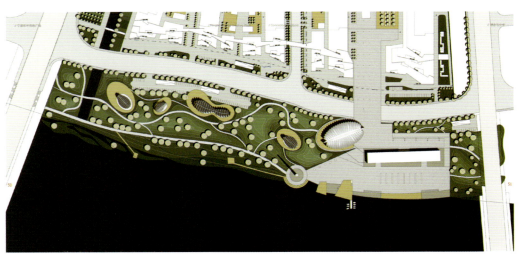

滨江公园总平面图

沿江工业遗产走廊及绿化休闲带总图

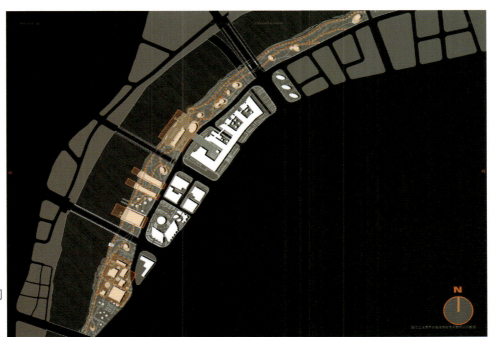

沿江工业遗产走廊及绿化休闲带空间分析图

① 滩涂
② 湿地
③ 沙地
④ 栈道
⑤ 亲水平台
⑥ 广场

滨江公园驳岸形式剖面图

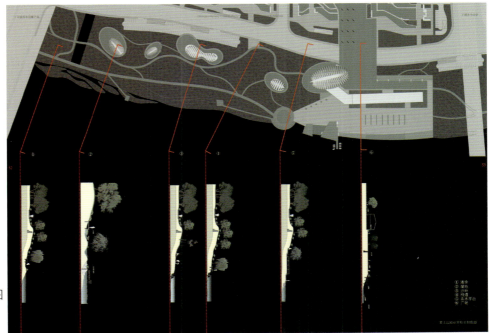

总平面图

首层平面图

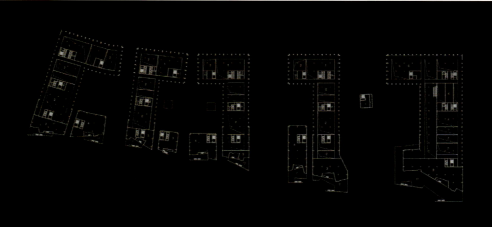

二层平面图

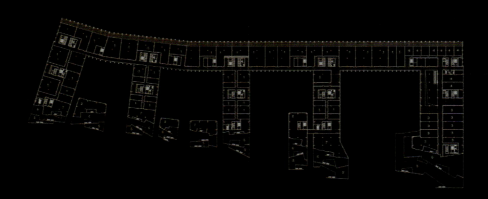

三层平面图

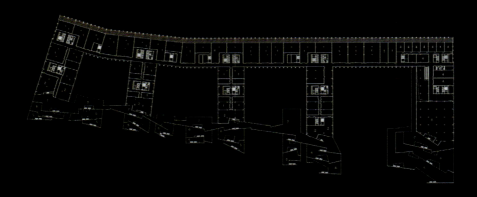

四层平面图

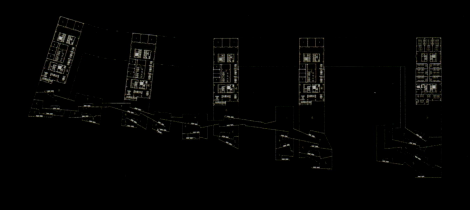

五层平面图

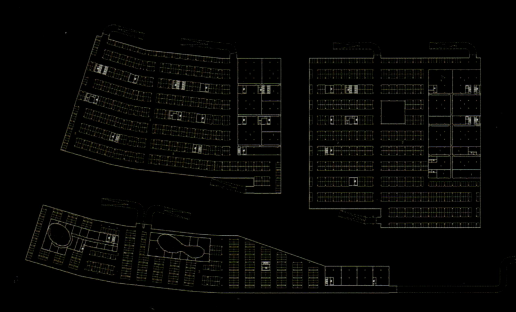

地下层平面图

标准层平面图

BUSINESS

营 城 造 市
TOWN AND CITY CONSTRUCTION

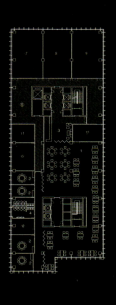
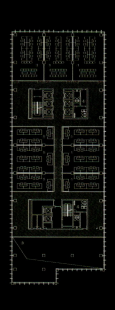
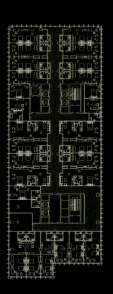

食府、办公、酒店平面图

天津塘沽区"阳光金地"

工程档案

建筑设计：天津大学建筑学院
项目地址：天津滨海新区
建设规模：25000m²

项目概况

"阳光金地"项目位于塘沽区中心北路西、胜利宾馆南，洋货市场附近。建筑面积24460m²，容积率2.9。分为A座综合楼和B座商业建筑，业态定位为餐饮娱乐及适量的社区配套商业，住宅则为小面积SOLO住宅。

阳光金地在分析借鉴国内外众多相关设计的基础上，本着满足现代人生活方式和需求，力求创造一处体现商业空间均好性、充满活力的商业购物、娱乐、居住场所。同时通过建筑形体的塑造及建筑空间与城市空间的组织，为塘沽商业中心增添一处高品质的标志性城市景观。

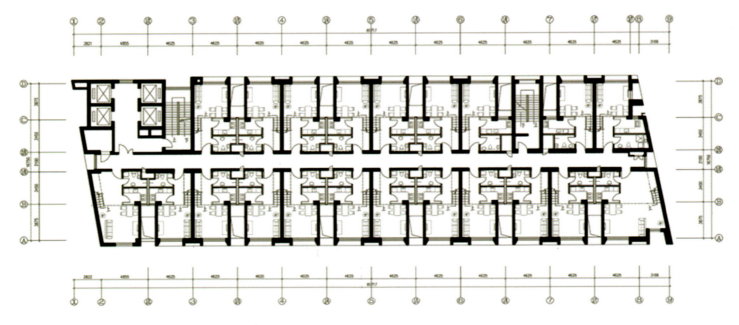

SOLO 住宅下层平面图

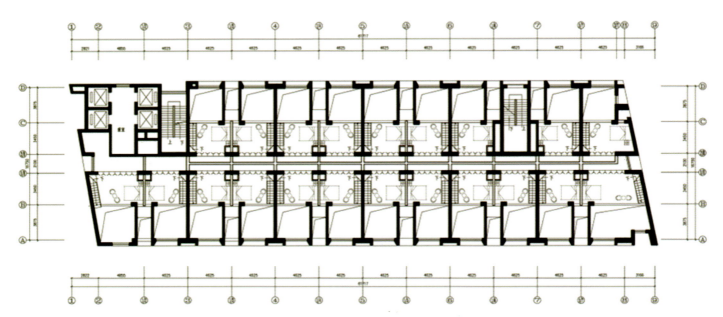

SOLO 住宅上层平面图

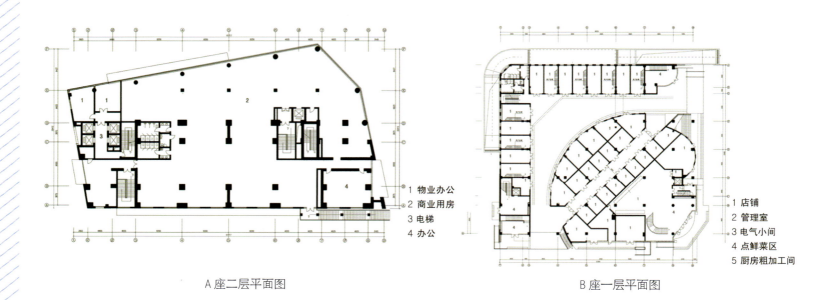

A 座二层平面图

1 物业办公
2 商业用房
3 电梯
4 办公

B 座一层平面图

1 店铺
2 管理室
3 电气小间
4 点鲜菜区
5 厨房粗加工间

| BUSINESS | 营城造市 TOWN AND CITY CONSTRUCTION |

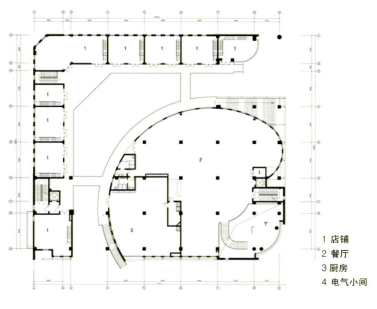

1 店铺
2 餐厅
3 厨房
4 电气小间

B座二层平面图

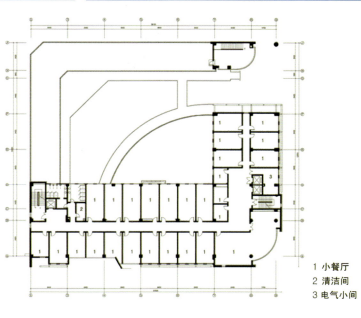

1 小餐厅
2 清洁间
3 电气小间

B座三层平面图

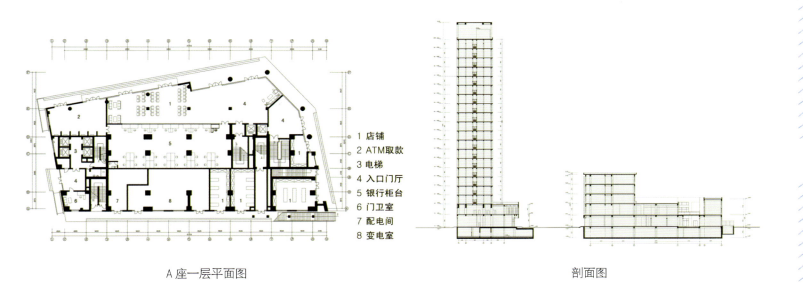

1 店铺
2 ATM取款
3 电梯
4 入口门厅
5 银行柜台
6 门卫室
7 配电间
8 变电室

A座一层平面图　　　　　　剖面图

215

琶洲保利国际广场

工程档案

建筑设计：广州市设计院
项目地址：琶洲
建设规模：17hm²

设计理念

保利国际广场斜撑式结构形式既是结构美的表达，也为南向里提供遮阳，裙楼东西向百叶为商业提供遮阳。

主题办公空间为无柱大空间，北向景观视野开阔畅通。

办公楼部分采用了地板送风系统的创新技术。该技术利用建筑结构与地板之间的开放空间作为送风静压箱直接向工作区提供空调，灵活性大，降低建筑成本，减少建筑物生命周期内建筑废弃物料，提高空间舒适性。

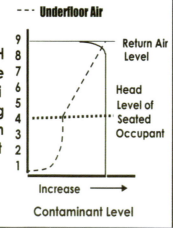

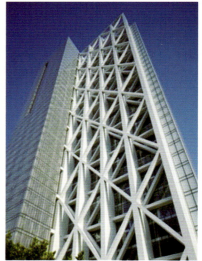

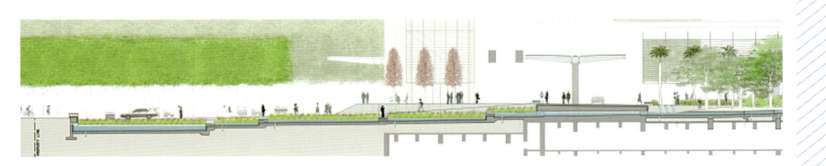

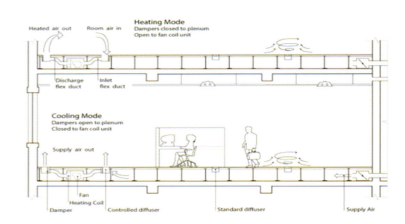
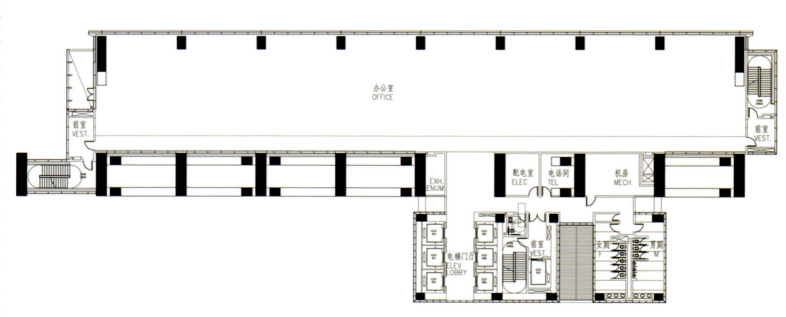

标准层平面图

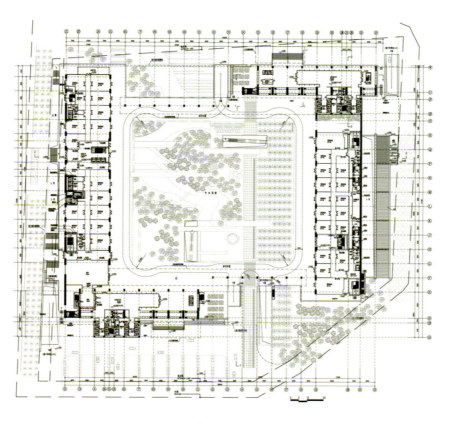

首层平面图

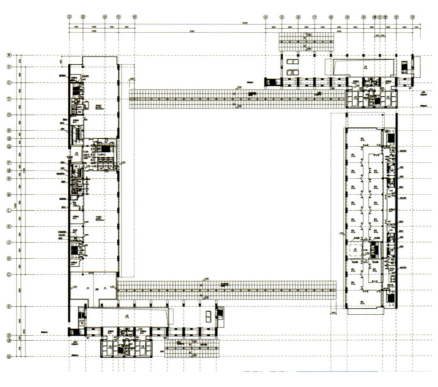

二层平面图

美邦亚联广场（万豪世纪中心）

工程档案

建筑设计：北京市建筑设计研究院
项目地址：北京市
建设规模：22hm²

项目概况

本项目位于北京市朝阳区燕莎桥西北角，用地南侧与昆仑饭店隔路相望，东侧临东三环北路，主要的功能为五星级酒店、高级办公、大型商业及大型地下车库和人防工程。结合这一特殊的地段，提出了首层架空，空中花园等设计构思，结合商业用房及中小下沉广场的精心设计，创造出了卓尔不群的建筑群落。本项目的建筑规模为219351m²，其中地上建筑面积为176860m²，地下建筑面积为42494m²。建筑最高点为128.5m；酒店层数为34层其中地上34层，地下二层，办公层数为24层，高度为99.8m²，地下三层；其中5层以下为酒店配套设施，6层以上为客房标准层，地下一层为酒店后勤配套。

西湖时代广场

工程档案

建筑设计：浙江大学设计研究院
项目地址：浙江杭州
建设规模：67360m²

项目概况

杭州西湖时代广场位于杭州湖滨商业繁华地区，是规划中的湖滨旅游商贸步行街区的重要地块，紧邻西湖，四周城市道路环绕，北侧为杭州东西城市干道庆春路；地块占地15000m²，呈平行四边形，周边建筑风格混杂，以现代风格为主。由于西湖沿岸天际轮廓受到严格的规划保护，本地块建筑控高在24-28m，地面建筑为七层，局部八层，地下三层，总建筑体量67360m²。

设计主旨

清新而简约的建筑风格
复杂而井然有序的内部功能
特征鲜明的商业空间与宁静怡人的居住、办公空间的完美结合
外观造型独特而又遵循西湖边的城市天际轮廓线

BUSINESS 营 城 造 市
TOWN AND CITY CONSTRUCTION

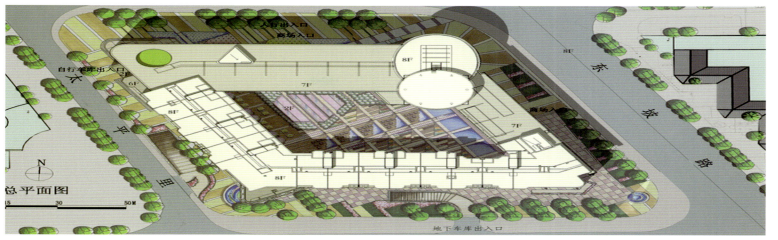

写字楼空间

　　东北角的写字楼门厅简洁而又清新。

　　东北角的倒圆台玻璃体清新圆润，每一块幕墙玻璃呈三维空间弧度，给幕墙的加工、安装带来了很大的难度。

　　三层内庭院约2500m，四面被公寓、高级俱乐部及写字楼围合，与都市的噪音尾气隔绝，居户于庭院间可享受闹中取静、都市繁华与宁静家园兼得的乐趣。我们又于庭院东南侧与西北侧各开有3-4层高的洞口，自然的空气、风、花香、阳光得以穿行其间，使内廷拥有盎然生机。

商业空间

建筑北侧为 2000m² 的广场及商场主入口；东北部为写字楼主入口；面向主干道的商场主入口广场与东北角的写字楼门厅、西南角的商务公寓门厅合理组织外部人流，使各功能得以有条不紊的展开。

立面以柱廊、飞檐、倒圆台玻璃等现代建筑造型元素突出体现其形体特点，强烈的虚实空间对比使商场入口柱廊广场成为城市生活的舞台。西湖时代广场沿北侧庆春路一百余米的展开面在西湖东侧形成鲜明的城市地标。

精品商务公寓

商务公寓入口大堂为一四层通高玻璃中庭，体现 精品商务公寓的与众不同。大堂室内简洁而大气的氛围，体现高雅的家的感觉。

商务公寓的室内设计同样遵循简洁明快的风格，力求与清灵、高雅的建筑风格相一致。

营城造市 TOWN AND CITY CONSTRUCTION | 商业

蓝色港湾

工程档案

建筑设计：北京市设计研究院
项目地址：浙江杭州
建设规模：24hm²
建设功能：零售、餐饮、影院等

项目概况

在北京市朝阳公园内西北角的湖边，一个引人瞩目的全新的集配套商业、餐饮和娱乐休闲中心于一体的"村落"——蓝色港湾。在该项目靠近公园的区域设计中采用了接近自然的表现手段、有机建材、水和景观。不同材质的天然石墙子绿地中升起，人行道穿越于与邻近的环境相互呼应的村庄尺度和形式的建筑之间，其中穿插着各种不同种类的自然公共空间如繁茂景观步道、随季节变换颜色的花园、起伏的草坪、戏剧化的水晶效果、运河以及天然水道等等。建筑结构本身成为了 公园内的装饰元素。如大型聚会场地、广场、庭院平台和拱廊。户外音乐会、公园 和湖外餐区、酒会平台、儿童游乐区、品牌街、酒吧和咖啡屋，给人们的活动提供了丰富多样的选择。大部分的建筑将会在户外，但许许多多的遮雨板、拱廊和雨棚将会给人们提供防护。

在地下一层夹层中央花园的下沉花园将是阳光照耀的绿地，把这层降低能在设计满足建筑限高要求的前提下最大限度的利用空间。在下沉花园中设有大型活动表演的舞台及广场，其周边则被供游客休息及观景的走廊所围绕。在地面上的两层，商店、餐厅、酒吧环绕着花园而建，让人们能在露台庭院及桥梁上从不同角度饱览中央下沉花园的美丽景色。

蓝色港湾的建筑概念是与周围环境相呼应。围绕着蓝色港湾的北面和西面是"都市围墙"，这两面将表现北京的城市特征。北面沿着运河的外墙将是特色餐饮聚集地的正立面，建筑外饰面材料会雅致的逐渐增加有更多的木材及玻璃窗，呼应着运河及临河的丛林。木材的运用是很自然的选择，同时也是对传统建筑形态的一种尊敬。

大唐西市概念规划

工程档案

建筑设计：中国建筑西北设计研究院
项目地址：陕西西安
占地面积：311300m²

总平面

设计理念

项目地处西安古城西南老城区和高新技术开发区的结合部位,在城市的发展过程中起着连接老城和新城的纽带作用,总用地约467亩,该区域曾经是盛唐时世界上最大的国际化贸易中心 -- 西市,是丝绸之路在东方的起源点。

规划指导思想:

1. 充分利用历史上大唐西市厚重的民俗文化,提炼并吸纳丝绸之路文化的精髓,创造一个唐风浓郁的西市环境,引领该项目的整体开发,提高整个项目的文化品位。

2. 根据丝绸之路的线性特征,利用这条线将不同的地域风格建筑,不同业态的商业形式有机的结合起来。"点、线、面"的结合有利于最大限度的将大唐西市文化、丝绸之路展设在人们面前,有利于现代商业及建筑通过丝路风情与传统建筑的自然过渡。

3. 用地东都塑造唐风西市的九宫格局。这是西市项目启动的基础,用地西南部以现代商业及现代建筑为主。但建筑形式应是传统建筑神韵与现代建筑的结合,以起到大唐西市传统建筑与西高新现代建筑的传承作用。

4. 以营造内向型空间和界面为主,整体建筑形式与风格尽量与周边环境相融合。

5. 处理好区内交通及市政城市道路的关系,最大限度的为人们出行及购物提供方便。

6. 通过该项目的开发,进一步为西安市唐文化复兴作出贡献,为商业开发提供更大的空间,既要社会效应,也要商业效益,创造一个传统商业与现代商业并存,旅游休闲,文化体验与现代消费相结合,反映大唐开拓、开放、博大、包容的精神情怀的新西市。

营城造市
TOWN AND CITY CONSTRUCTION

商业

BUSINESS

营 城 造 市
TOWN AND CITY CONSTRUCTION

惠州方直国际商务中心

工程档案
建筑设计：深圳大学建筑设计研究院
项目地址：惠州市金山分区
建筑面积：145031.74m²

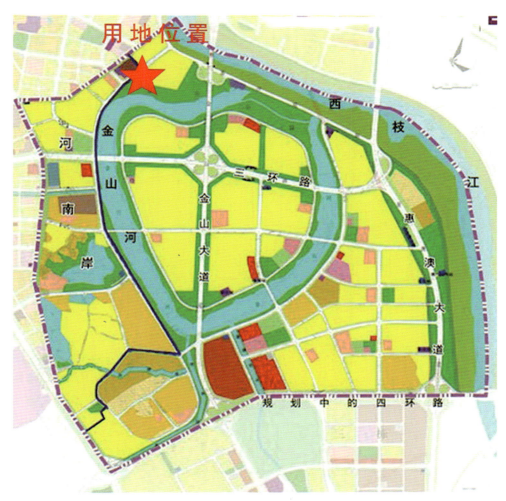

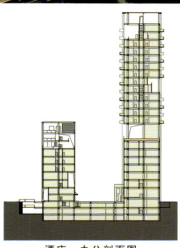

酒店、办公剖面图

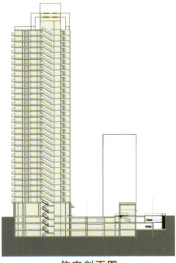

住宅剖面图

BUSINESS

营 城 造 市
TOWN AND CITY CONSTRUCTION

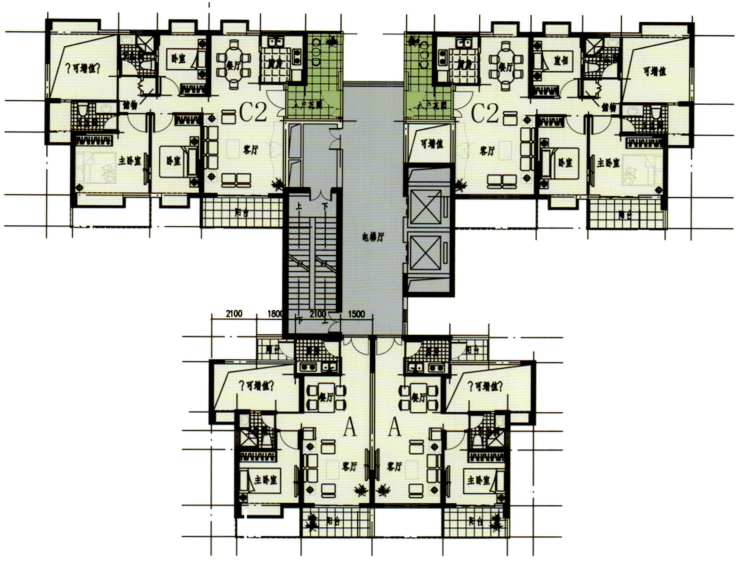

营城造市 TOWN AND CITY CONSTRUCTION　　　商业

厦门中山路名汇广场

工程档案

建筑设计：建盟工程设计（福建）有限公司
项目地址：福建省厦门市
建筑面积：10hm²
项目类型：商业、公寓

项目概况

厦门的中山路建于20世纪20年代，1956年11月，中山路建成厦门第一条柏油路。现在的中山路全长1200多米，宽15m，是一条直接通向大海的商业街。中山路是"中华十大名街"之一，是厦门最繁华的街道。

建筑风格

中山路的建筑都是骑楼，骑楼是欧陆建筑与东南亚地域特点相结合的一种建筑形式，大约在鸦片战争后就传入鼓浪屿和厦门。这种建筑有着浓郁的南洋风情，粉红和乳白是主色调，经过岁月的洗礼，斑驳的墙体与古旧的木窗更为骑楼增添了几分特有的神韵。

项目设计在建筑格局上延续了中山路经典特色的骑楼外观，采用开放式的立体复合街区，以中山路、思明东路两端为两大商业主力区块，以主题性活动型街区连接两端主题，涵盖购物、餐饮、娱乐、休闲、旅游、商务等功能，辅以中心广场、室外休息区、展览空间、图书文化中心、育儿室、科技娱乐、表演区等区域的人性化商业空间布局，打破了中山路传统平面商业格局，为顾客营造崭新的购物与休闲天地。

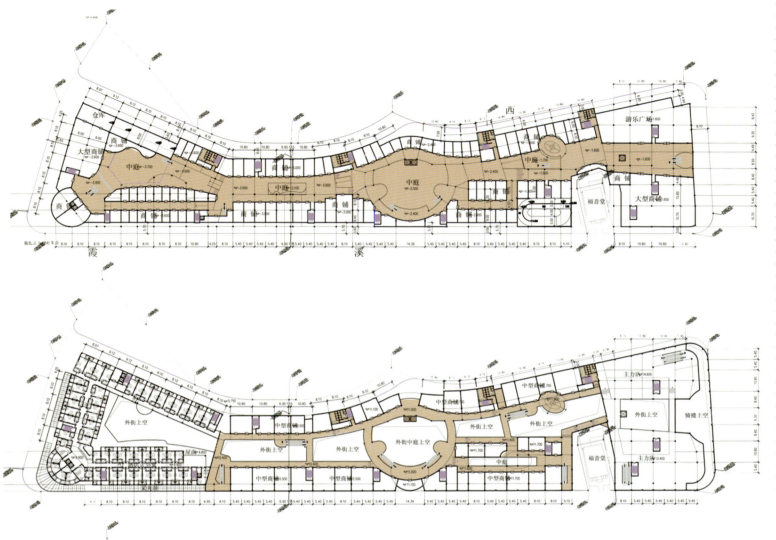
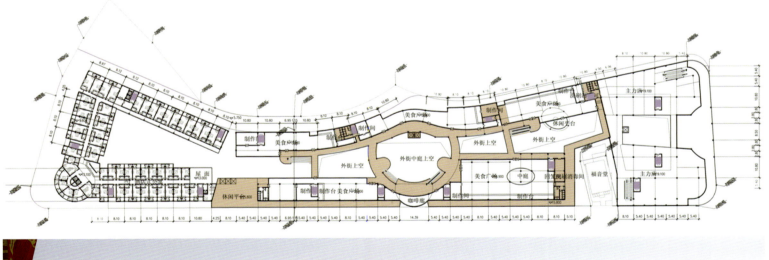

营城造市
TOWN AND CITY CONSTRUCTION

商业

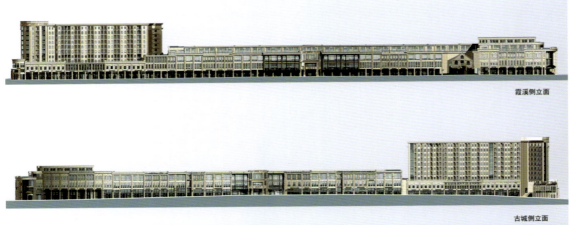
霞溪侧立面

古城侧立面

BUSINESS 营城造市 TOWN AND CITY CONSTRUCTION

贵阳国际金融中心

工程档案
建筑设计：华艺公司
项目地址：贵州市金阳新区
项目高度：250m
项目规模：58.5hm²

项目概况
  本项目位于贵阳市金阳新区，有两块组成，1号地为三栋板式公寓和两栋办公楼以及下沉地景式裙房商业；2号地由250m高的主楼和100m附楼组成，主楼功能包括办公、酒店和商业，地上和地下分别通过天桥和隧道把3地块的商业和车库连通，打造500m长生态景观廊道，形成一体化70m²综合体。

  空间组合与立面造型设计源于当地喀斯特山地文化、水文化和竹文化三大地域文化特征。商业采用下沉地景式设计，顾客可通过坡道和踏步到达不同楼层；主塔楼体量由三个矩形体量分别扭转22.5度形成，通过现代建筑语言抽象表达出竹笋破土而出、节节上升的现象。最终创造出别具一格的建筑空间和形象，成为贵阳引以为傲的新地标。

刚果（布）商务中心

工程档案

建筑设计：天津大学建筑设计规划研究总院
项目地址：布拉柴维尔

项目概况

　　刚果（布）商务中心是中建总公司海外部重要的援外项目，建成后将成为布拉柴维尔的标志性建筑，在设计中一方面引入了东方文化中对空间的认识，创造出优美的水景庭院，另一方面深入挖掘非洲文化，从黑人歌舞中得到启发，以"节日的盛冠"创造出独特的非洲特色的建筑形象。

BUSINESS		营 城 造 市
		TOWN AND CITY CONSTRUCTION

饼	环	开口的环	花环
Pie	Ring	Ring With An Opening	Ring With Flowers
Galette	Anneau	Anneau Ouvert	Couronne De Fleurs

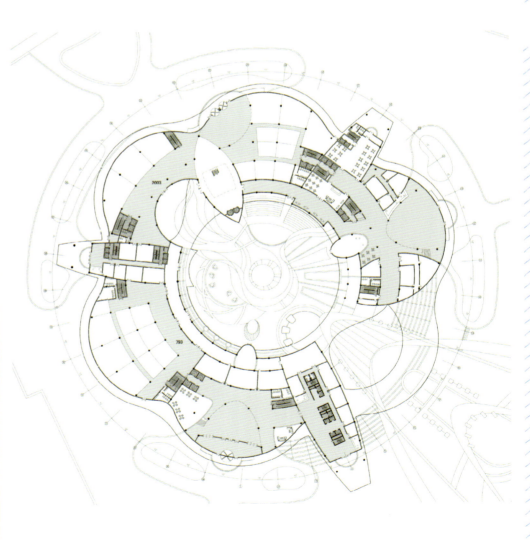

宁波国贸

工程档案

建筑设计：广州市城市规划勘测设计研究院
项目地址：宁波

广州珠江新城西塔方案设计

工程档案

建筑设计：广东省建筑设计研究院
项目地址：广东广州
建设面积：49hm^2

设计理念

1. 以穹顶大空间连接的超高层建筑。
2. 三维曲面构筑的高层建筑形态。
3. 标准区和自由构筑区构成灵活多变的办公空间。
4. 天空之城酒店。
5. 由穹顶至地面的扶梯之路。
6. 剖面作为里面使内部构成透明可视。
7. 转换的结构体系。
8. 作为环境节能装置的表层空间。
9. 可适应未来变化发展的表层空间。
10. 超高层建筑的连结性构筑安全体系。

BUSINESS

营 城 造 市
TOWN AND CITY CONSTRUCTION

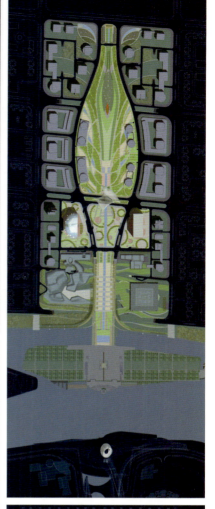

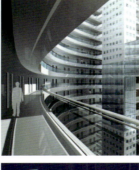

商业

南京朗玛国际

工程档案

建筑设计：华艺深圳公司
项目地址：江苏南京
建设规模：186413m²

项目概况

　　该项目位于南京市河西新区CBD与南京奥林匹克公园之间，设计强调二元的视觉要素，电视转播中整体视角和市民广场及城市绿轴视角的对立统一。前者要求摒弃一切不必要的细节，展示大尺度、全方位的都市地景，表达以地平线为基准的潮流媒体时代新的宏伟性，后者要求减少视觉与空间的压迫感，形成开敞的绿色视线通廊。因此我们抛弃了传统的塔楼、裙房独立设计的模式，而将它们视为水平的和垂直的摩天楼，以线性的体量表达新的宏伟性，并兼顾场所的功能要求和空间定位。

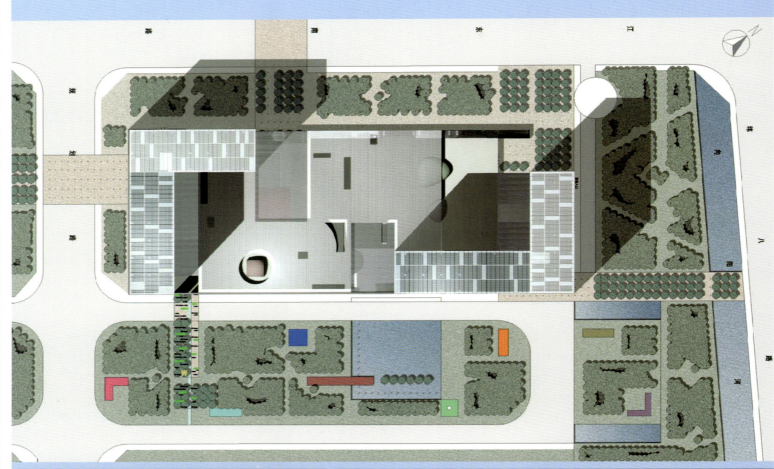

当代中国建筑方案集成 1 商业

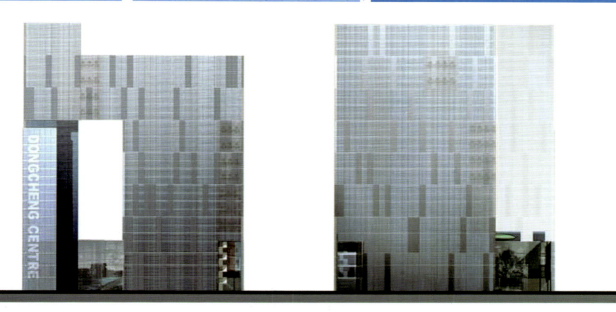

南立面图　　　　　　　　　　　　　　北立面图

西立面图

东立面图

佳城三亚湾项目

工程档案

建筑设计：华艺公司
项目地址：海南三亚
建筑高度：200m
项目规模：17.4hm²

项目概况

本项目位于三亚市城市中心，属于三亚市"黄金海岸"规划的核心区段范围。东面比邻市中心的商业区，西南面一线临海，视线优良，项目以五星级海景度假酒店、度假酒店式公寓和高端商业三大核心产品形成顶级城市综合体。

建筑灵感来自于大海，流线式表皮姿态优雅地将海浪动感融入建筑形态中，不但保证了各功能房间对观海视线的要求，同时简洁的形体既能减弱海风对建筑本身的不利影响。立面上通过复合表皮、出挑平台和空中绿岛等语汇使建筑与热带气候相适应。建筑与环境融为一体，创造出优雅的标志性。

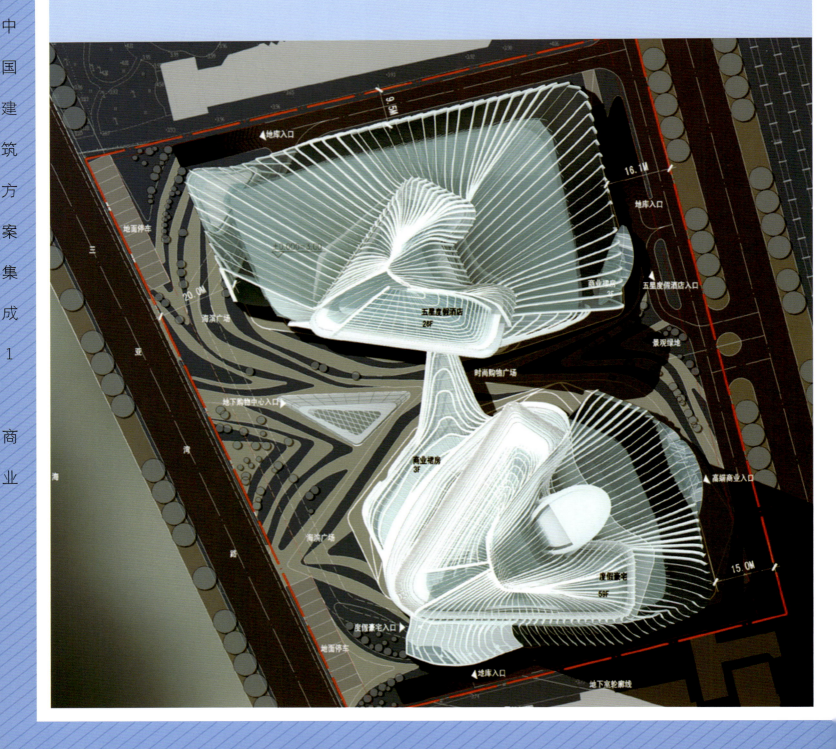

满世界时代广场

工程档案

建筑设计：广州市设计院
项目地址：内蒙古自治区鄂尔多斯市准格尔旗
占地面积：42219m²
项目规模：164761m²

项目概况

满世界时代广场位于内蒙古自治区鄂尔多斯市准格尔旗的金融商务区核心地带。项目力求吸引本地和临近地区的中高端消费人群，致力于打造区域级的高档商业中心，提升区域的商业消费档次。项目主要功能包括商业购物中心、小型商业精品店、办公楼及住宅等功能。

项目基地地形复杂，高差较大，西南角高，东北角低，自西南向东北坡度高差达20多米。方案充分考虑这一复杂的地形因素，力求化不利条件为有利条件。购物中心布置在基地北侧地势较低的位置，与东北侧的相邻商业区连成一体。利用场地高差实现商业功能各个方向各标高的可达性，购物中心有三层商业可以在不同方向分别出入室内外。通过这一高差处理方式，这三个楼层的商业都可以实现类似首层商业的高价值，从而大大提升了整体商业效益。同时，方案将办公功能布置在基地东侧，与集中商业既紧邻又独立设置出入口，通过高差处理避开商业主要人流。住宅独立布置在用地南侧，与商业和办公功能明确区分开，相互影响较小。通过小精品商铺街的围合形成独立的小区院内空间，屏蔽了外部的喧闹。各功能之间既相互独立又紧密联系、动静结合、相互促进、互相提升。

大同市东小城商业规划设计

工程档案

建筑设计：中国中元国际工程公司
项目地址：山西省大同市
建筑面积：地上 352755m² 地下 190029m²
项目规模：237363m²

项目概况

延续历史文脉，重塑城市门户。东小城位于大同古城和城东的御河之间，是大同城市规划向东发展的关键节点，也是旧城和新城之间过渡的关键地带，东小城西接古城门，东连御河兴云桥，面向御河对岸的新城，占据了大同古城面向御河方向的最重要展示面。东小城的重建将形成大同古城的东边门户。

BUSINESS

营 城 造 市
TOWN AND CITY CONSTRUCTION

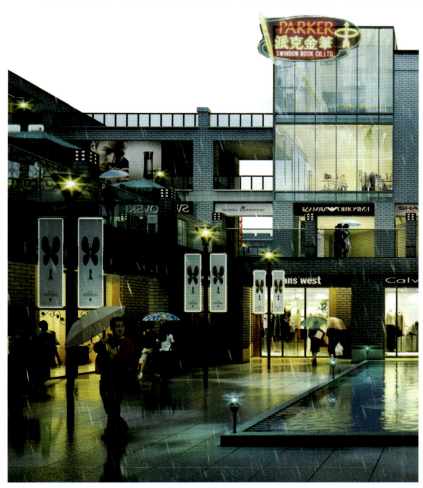

华润大厦及万象城购物中心一期

工程档案

建筑设计：中国中元国际工程公司
项目地址：河南省郑州市
建筑高度：186m
项目规模：263540m²

项目概况

华润大厦及万象城购物中心一期项目，位于郑州市的繁华商业区，是一个充满活力的城市聚焦点；是最高端的购物、娱乐、餐饮、办公的多功能综合性楼宇。对于建筑师而言，需要从建筑空间、商业经营、城市环境等多方面进行全面的把控，设计在综合市场因素的前提下，尽可能满足市场的适应性需求，同时将功能设计作为建筑的第一要素，并运用先进的技术手段加以完成。

设计结合城市环境空间分析，努力创造具有时代特性，个性鲜明的建筑形象，并使建筑形态与外部空间有机融合。同时，设计关注市场对项目的过程性影响，实行项目全程把控，从而保证大型城市综合体建筑项目能够保持较高的完成度。

BUSINESS

营城造市
TOWN AND CITY CONSTRUCTION

佛山市佛山新城商务中心

工程档案

建筑设计：中国中元国际工程公司
项目地址：河南省郑州市
建筑高度：186m
项目规模：263540m²

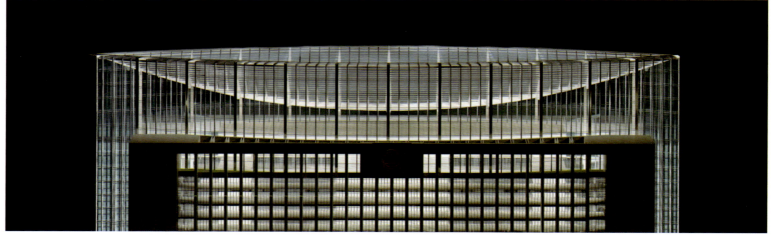

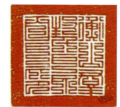

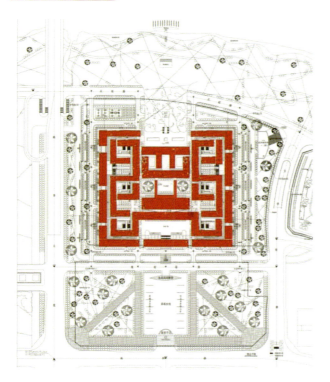

主题创意 —— 印鉴

印,执政所持信也。——《说文》

玺者,印也。印者,信也。—— 蔡邕《独断》

根据目前的考古发现,印章的出现和使用始于商代,先秦及秦汉的印章多用作封发物件、简牍之用,印章是中国官府自古及今一向使用以昭信的物件,昭示着郑重的承诺和守信是行政管理发布政令的权政象征,是悠久传统的见证,是广泛民意的见证。

设计者将"印"的图案融入方案设计,在总体规划上突出"印"的形态,商务办公楼居中,信息办公和商务办公组团分列两侧,强化以矩形之态布置的建筑组群;同时,在建筑形体和第五立面,充分展现"印"的文化内涵,以求表达刚正不阿、言而有信、坚持原则的行政办公中心气质。同时将"印"展现的坚持原则、光明正大特征同"龙舟"表现的开拓进取、解放思想形象形象充分统一融汇到本项目的设计中,充分体现设计者对行政办公建筑功能特质的深入理解和诠释。

主题创意 —— 龙舟

"龙舟"是中国传统文化遗产中的杰出代表,佛山地区龙舟文化普及广泛,其中顺德区在 2005 年被评为全国"龙舟之乡",东平新城所在地的乐从龙舟队屡获殊荣,影响昭著。据说佛山地区每次赛龙前都要举行一个隆重的"抬龙"仪式:村民将去年藏于水底保存的龙舟取出,抬过大堤往大的河涌里进行比赛,本地区抬龙舟活动已经有 800 多年历史,"抬龙"体现出佛山人团结、奋进、拼搏、和谐的特质。设计团队以龙舟作为本设计的主体创意来体现项目蕴含的传统文化意念和海洋文化特质,运用现代设计手法和当代建筑材料 -- 玻璃和钢构架,在商务中心主楼顶部设计具有生态通风功能的船型玻璃筒体,通过昼夜不同光线透视,呈现出"水景龙舟"的有没有形态;通过两侧立杆的支撑,再现当地人民"抬龙"的精神风貌,以求唤起佛山地区强烈的赛龙情怀;建筑主体桨状柱廊,主楼南面的水景造型和北侧会议中心弧状屋面形态则抽象体现了赛龙夺锦之中的百舸争流、中流击水和浪涌飞舟的情景,表达了佛山人民同舟共济、力争上游、开拓进取、敢为天下先的气魄和精神。

中天地产东莞中旭广场

工程档案

建筑设计：深圳大学建筑设计研究院
项目地址：广东东莞
项目规模：194571㎡

BUSINESS

营 城 造 市
TOWN AND CITY CONSTRUCTION

营城造市 | TOWN AND CITY CONSTRUCTION | 城市综合体一层平面图 | 商业

城市综合体一层平面图

BUSINESS

营 城 造 市
TOWN AND CITY CONSTRUCTION

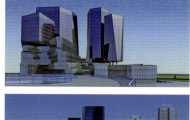

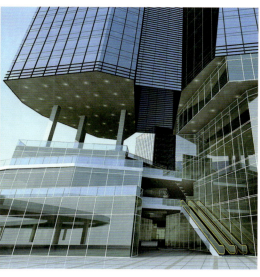

五星级酒店八层平面图

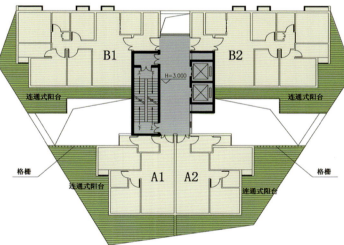

高层住宅（城市公馆）标准层平面图

酒店式公寓六、七层平面图

济南中海广场 -- 环宇城

工程档案
建筑设计：华艺公司
项目地址：山东济南
建设规模：178000m²

项目概况
济南中海广场、环宇城项目地处济南市中心城区南部，紧临城市南二环路。项目开发将以打造城市经济新活力为原则，开发一座33层的高标准写字楼和5层的高档次商业综合体，旨在将本项目打造成时尚、繁华、开放的综合性社区。城南的新地标。

BUSINESS 营 城 造 市
TOWN AND CITY CONSTRUCTION

君豪国际商业城

工程档案

建筑设计：华南理工建筑设计研究院
项目地址：广东省广州市
项目高度：79m
建设规模：169740m²

项目概况

建筑造型
　　城市的视角看，由于建筑位于纺织布料批发为主题的逸景路向广州大道都市商业干道转换的节点，本方案在形式上应有表现性，兼顾物流批发的功能性与休闲商业的城市性，对城市既有的文脉与逻辑产生良好的响应。

航母原型
　　本建筑在造型方面力求通过现代感的立体反应本建筑在中大纺织板块的门户作用，造型应在广州大道侧具有足够的视觉吸引力。并且在广州大道的行进路线中具有视觉的差异性及欣赏的连续感觉。从用地条件的半岛条件出发，建筑取航母造型为设计原型。裙楼为航母的主船体部分，塔楼则为航母的指挥塔部分，反映了建筑办公塔楼与商业裙楼之间的功能逻辑。以航母为原型的设计航母表达该建筑作为商业体的开发基地的商业定位，同时，也彰显该建筑的力量感和企业在版块中的旗舰作用。

线路条码
　　君豪国际商业城是以纺织物流为主题的商业办公综合体，希望表达此类建筑特有个性，立面处理借鉴电路板纹理，象征物流行业流动性和速度感。办公塔楼部分立面借鉴条形码概念，象征办公的信息化，以此表达建筑的个性。同时裙楼立面也根据裙楼的功能划分而划分了三个层次，1-4层为商业，5-6层为展览，7层为餐饮。

向上趋势
　　建筑在造型主题为折线组合。这些折线的共同特点是向上的趋势。这样的设计为了营造两个层次的意象，一是表达企业的发展信念。二是希望客户能感受到强烈的向上的可达性。

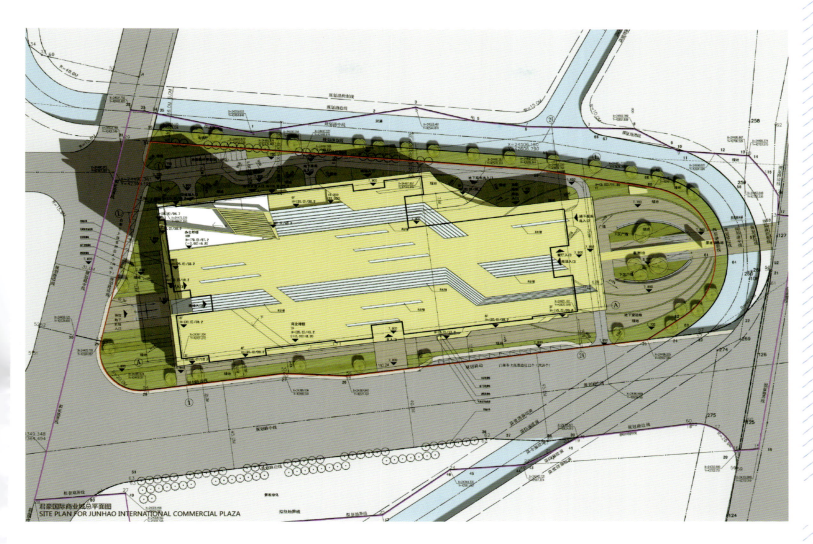

君豪国际商业地总平面图
SITE PLAN FOR JUNHAO INTERNATIONAL COMMERCIAL PLAZA

君豪国际商业城首层图

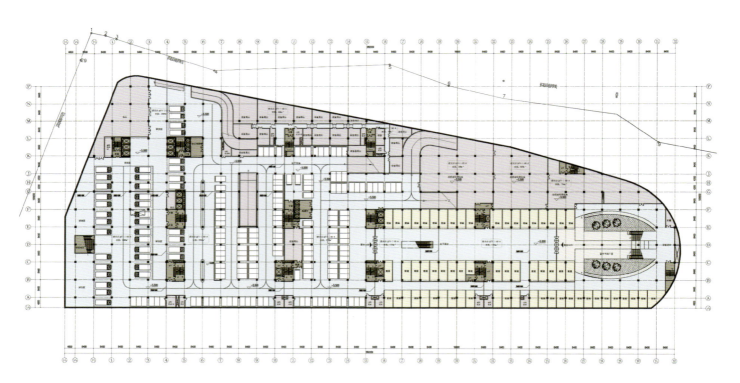

君豪国际商业城地下一层图

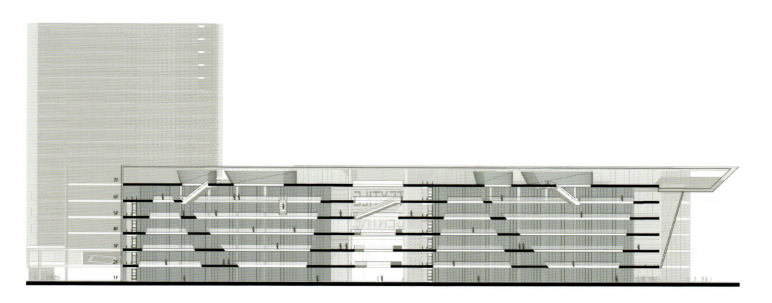

君豪国际商业城剖面示意图

黄骅市琨洋购物广场

工程档案
建筑设计：天津大学建筑设计研究院
项目地址：河北省黄骅市
项目规模：7.5hm²

项目概况
黄骅市琨洋购物广场项目设计注重城市空间界面处理及商业氛围的营造，为黄骅市提供了第一个大规模、上档次、多功能的综合高品位购物广场，集购物、餐饮、娱乐、观影于一身，对城市整体业态环境起到了提升的作用。

设计理念
1. 严格执行已确定的修建性详细规则，并按已批准的总平面位置图规定的各项要求实施方案设计。

2. 从城市设计的高度出发，注重城市空间的整合性，高度重视城市历史文脉，充分考虑信誉大街有关规定的要求，保护城市历史文化的延续，并注重和沿石岗路的城市广场整体环境相协调。

3. 在琨洋购物广场自身立面的城市设计空间整合中，强调整体设计，形式处理在与区域城市景观相协调的前提下大胆创新，运用纯熟的现代建筑语言，适当结合传统的意向，实现新旧建筑的和谐共生。

平面布局
配合规划要求，建筑物的主要入口设在西南角。西侧沿信誉街、北侧沿文化路，宽阔的广场结合内部空间设计，通过建筑小品、有特色的喷泉、地砖铺设和植物，形成了三个风格各异的入口广场。基地周边交通四通八达，为了能高效引导顾客进入商场，设计巧妙的运用多种处理手法，在西南角设置圆形体量，用曲线吸引人流，夜晚如同大型的灯光展示；西侧和北侧采用醒目而精致的标识设计，将商业建筑与艺术相融，彼此相映成趣。

琨洋购物广场建筑设计的主旨，在于为顾客提供一个节日气氛浓郁、亲切宜人、色彩缤纷的环境。使他们能在广场内心情愉快的购物、用餐及娱乐。宽阔的中庭广场成为全场的中心。顾客在连续渐进的市内街道公共空间中行走，空间导向明确，且对紧急状态下的疏散非常有利。

空间意向
平面布置按国际惯用的商业空间处理手法，充分考虑人流走向和疏散，进行设计。结合北窄南宽的地形，商场由北侧步行花园街和南部盛典中庭组成：首层至二层为"风情购物街"，最潮流，最"in"的展示黄骅的商业繁荣；三到五层为"花园街"层层退级的购物平台如同流动的舞台，展现自我，观摩时尚。从南部入口进入商场20米，即可到达盛典中庭，映入眼帘的首先是大型景观阶绿茵婆娑，三层休息平台可游可憩，乘扶梯到达二层后为圆形的主题活动平台，指引着最火爆的热卖商品。在中庭里，人们可以从上面各层俯瞰这个活动区的情景，还可以感受家庭娱乐购物广场的欢乐气氛。中庭东侧为以流动为主题的独特展示墙，随背景音乐的旋律，灵动的图案投影到墙上，表现出水的柔美与温婉，将不同特色的空间统一起来。中庭内有着丰富的景观，富有戏剧性的灯光和独特的色彩鲜艳的标示，处处洋溢着浓厚的商业气氛。

BUSINESS 营 城 造 市
TOWN AND CITY CONSTRUCTION

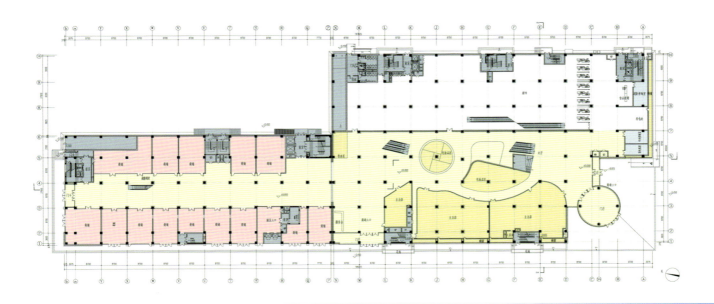

济源东方国际花园

工程档案

建筑设计：河南省建筑设计研究院
项目地址：济源市
项目规模：386475m²

项目概况

本工程位于济源市，总建筑面积386475m²。项目建筑责成：一栋10层的五星级宾馆，配套快捷酒店、会所、酒店商务楼以及酒店公寓等，11层、14层、18层、27层住宅楼，配套商业。

在总体规划设计中强调空间流动与渗透，重视视觉景观设计，各顺其势，互为因借。通过利用富有活力的流动空间形态及丰富的色彩做到人性、共享和私密、个性相结合。满足对文化、人文、生态环境的要求，真正体现"以人为本"的生活大环境，达到舒适性、超前性、合理性、适用性、美观性及经济性和谐统一。

佛山·华南国际采购与区域物流中心

工程档案

建筑设计：华南理工大学建筑设计研究院
项目地址：广东省佛山市
项目规模：229hm^2

设计理念

道路，水系，穿插交错，编织城市脉络。建筑形体、绿化广场点缀其中，拼出立体图案。横向、斜向双重肌理井然有序，又相互渗透融合，将建筑景观化，边界模糊化。

广东改革开放的先驱者、原省委第一书记任仲夷同志生前为《岭南文化百科全书》题词——"岭南春深、文化织锦"，寓意深刻且富有哲理，意指岭南春天的秀色和活力正是来源于岭南文化的锦绣和繁荣。佛山·岭南国际采购与区域物流中心选取中华传统庙会为基调，以岭南水系为依托，用展贸、旅游、表演、餐饮、娱乐、购物、休闲、服务等多重功能共同编织出崭新的文化形式与文化体验，在符合各项功能需求同时，满足人们的情感诉求，重视清明上河图中的繁荣意向。

佛山·华南国际采购与区域物流中心规划元素分析图

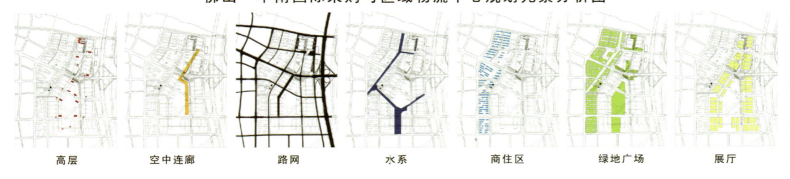

| 高层 | 空中连廊 | 路网 | 水系 | 商住区 | 绿地广场 | 展厅 |

空间逻辑

通过点、线、面三种元素的交织叠加，增强群体布局的丰富性，使空间形成序列和体系。"点"系统是指错落布置的建筑体量如高层建筑等。"线"系统是主体交通骨架，由基地内的道路和架空桥组成，具有引导作用。"面"系统指地面上大片的铺地、大型建筑、大片草坪与水系等。"点"和"线"在空间上作为视觉及空间交通组织的结构，使层次清晰，视线通透。虽然间距颇远的"点"是分散的，但由于有规律的排列形式及共同的建筑风格，使景观得到统一。"面"则是适合公众展开活动与使用的场所。

千帆并举

以折线作为建筑造型的主要元素，会展建筑屋顶均采用折面形式，通过相互错位形成丰富的外部形态，模仿江面微波荡漾的效果。会展建筑立面采用多孔板材，通过对肌理的设计，营造出流动感和江面在阳光照耀下波光粼粼的视觉感受。住宅及高层建筑塔楼如同停泊在江畔的帆船，在浪的拍打下自由浮动，既形成韵律感又强调随意性。错落有致的建筑群体以统一且简洁的造型元素形成秩序，划出了优美的天际线，如同张张扬起的风帆，产生出百舸争流的气象。

田园实践

在中心绿地区修建一系列的种植台地，可以种植花草甚至农作物，鼓励和引导市民尤其是孩子们体验种植的乐趣，最大限度的吸引公众参与公共绿地的创建与维护。从海南蒲桃、芒果到龙眼树，景观从都市时尚生活到田园实践和竹林天地间的空间活动，这是从城市到乡村的多样延续与过渡。

充分利用规划用地范围内的现有水系，种植荷花、睡莲、浮萍、芦苇等水生植物，重视良好的湿地生态系统，营造野生动植物与人类和谐共处的自然环境。争取在建成后成为佛山市民日常休闲娱乐，亲近自然的最佳去处。

绿轴设计

绿轴由南向北延伸展开，形成收－放－收－放的空间顺序，引导人的视线穿越南北直至宽阔的江面。区域的高层建筑分列绿轴两侧，点缀于城市商业体中，如百舸争流，千帆并举。规划中借用潭州水道支流上水河汇于绿轴中央与起伏的城市绿带编织在一起，重现岭南水乡水道纵横的自然现象。

小桥、流水、人家构成的画面，符合传统的中国审美。绿轴作为区域景观中心，是市民休闲、娱乐的公园，水系中种植的睡莲、轮叶狐尾藻等水生植物，除去观赏之用，亦可净化河水。绿带中多种果树依地块种植，让城市居民有机会体验乡村风情。植物沿东西向的城市脉络，顺建筑间的生态绿道延续至远方。

佛山·华南国际采购与区域物流中心总规划平面图

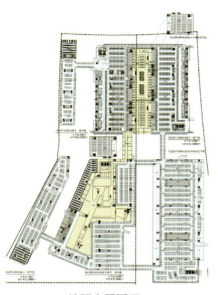
地下室平面图

展厅平面图

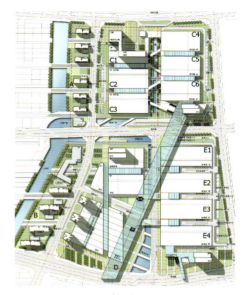
总平面图

贵阳中天未来方舟项目B区

工程档案

建筑设计：华南理工大学建筑设计研究院
项目地址：贵州省贵阳市
建筑面积：441600m²
建筑高度：540m

设计理念

对于高度超过540m的半岛酒店而言，建筑师的目标就是使之成为一座造型优美体量雅致的建筑，一个动感高耸但不失理性的建筑物。对于其附属群房及周围建筑的体量形成鲜明对比，而对于其在勾勒城市空中轮廓方面担当的重要角色来说，其造型非常重要。因此，塔楼建筑是以一种独特的兰花叶态形状及带水平肌理的光滑玻璃建筑立面为主要思路设计的，并且显露出建筑物本身独具一格的建筑结构。同时对建筑物垂直感的强调也极为重要，这是通过向上升华、收分以及顶部切割的造型得以强化。

意·山川——山川，贵阳的主要地貌特质，崇山峻岭，风景如画。山中有城，城中有山，城在林中。建筑取意于山川挺拔利落的形态，效法自然，展示独特气质，鼎力于十里花川半岛的核心位置，辐射全城。

相·兰花——兰花，贵阳市市花，高洁、清雅，花中君子。"上工守神，下工守形"，建筑抽象出兰花花瓣的形态，高洁而不失大气，以现代的手法诠释十里花川的文化内涵，体现建筑的独特地域特征。

势·拔地——建筑拔地而起，气势磅礴，形成"会当凌绝顶，一览众山小"的气势，鼎立之势，源于其自然与文化，突显其优越的地理位置及高起点的建筑品味。

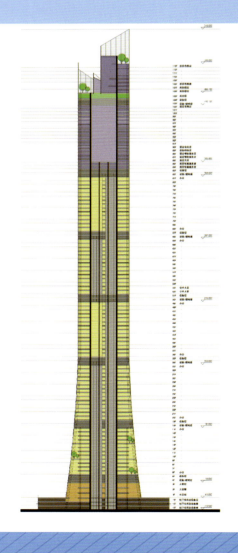

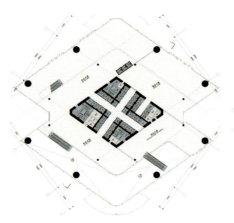 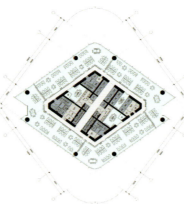 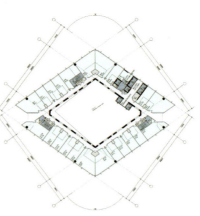

塔楼首层平面图　　　塔楼办公标准层平面图　　　塔楼酒店标准层平面图

优德国际项目

工程档案

建筑设计：河南省建筑设计研究院有限公司
项目地址：郑州市郑东新区白沙河片区
建筑面积：12hm²

项目概况

本工程位于郑州市郑东新区白沙河片区，北郊郑开大道，西郊规划路。项目由南北两栋办公建筑和部分裙房围合构成，通过广场和内街的设置，将项目地块南北部分有机的结合在一起，中心广场则将办公、商业和会议中心的交通紧密结合；分别安排商业流线、办公流线、辅助配套流线等不同的流线。

由于紧邻郑开大道，同时又有城际轻轨在场地北侧穿过，建筑主体尽可能多的后退道路红线。结合办公楼的门式设计，即突出特有的性格，又形成特有的城市空间入口，最大限度的减少城际道路和轻轨对其的干扰；同时也避免了高层办公建筑对城市空间的压迫感。

BUSINESS TOWN AND CITY CONSTRUCTION 营 城 造 市

龙岩中澳美食城概念规划设计

工程档案

建筑设计：河南省建筑设计研究院有限公司
项目地址：郑州市郑东新区白沙河片区
项目面积：12hm²

项目概况

项目总建筑面积27万平方米，位于龙岩新城中心区域，隔河与新城行政中心相邻。

规划以"鱼跃龙门"为理念，借由古老的传说表达一种对龙岩新城区未来的信心和展望，并取鱼形体为规划原型，通过其优美流线的灵动感，营造出娱乐美食城轻松休闲具有"鱼乐精神"的商业氛围。

将建筑景观化，强调建筑、人与生态环境相互融合的关系。

倡导"以人为本"的设计理念，体现娱乐美食城的活力主体人的地位的同时，更体现具有人情味的现代建筑风格和场所精神。

深圳龙岗星河 COCO PARK

工程档案
建筑设计：华艺公司
项目地址：深圳市龙岗区
建筑面积：18.2hm²

项目概况

本项目位于深圳市龙岗区大运新城与龙城中心交汇处，毗邻大运主体育场馆，坐拥大运、爱联双地铁站，占地3万平方米，地上建筑四层，面积8.2万平方米，地下建筑四层，面积10万平方米，拥有停车位1600个。

项目定位为龙岗首家大型综合型购物中心，功能集合奢华购物、休闲、娱乐、餐饮、运动、商务、教育、亲子等八大功能于一体，还没有国际仓储式超市、巨幕影院和真冰滑冰场等，带来城市生活新主张。

设计体现"自然休闲"的商业理念，在建筑内部设计五个自然采光中庭，立面以简洁的体块穿插构成，通过圆弧形体上材质肌理的变化打造充满时代感的商业综合体。

BUSINESS 营城造市 TOWN AND CITY CONSTRUCTION

南昌华中城规划设计

工程档案

建筑设计：建盟工程设计（福建）有限公司
项目地址：广东省肇庆市
项目类型：商业综合体

项目概况

　　中心区建筑将商业、办公、居住、旅馆、展览、餐饮、会议、文娱等城市生活空间进行组合，并在各部分建立一种相互依存，相互助益的能动关系，从而形成一个多功能、高效率复合统一的综合体。商业零售的设计为办公人员提供了方便，使办公人员节省了时间，提高了办事效率；而办公人员的经常性消费又为零售增加了盈利；办公为旅店带来了客源，铝业的设置为办公的来访者提供了下榻地，提高了办公的效率；旅店为商业零售增加了效益，商业零售的发达又为旅店带来了客源。

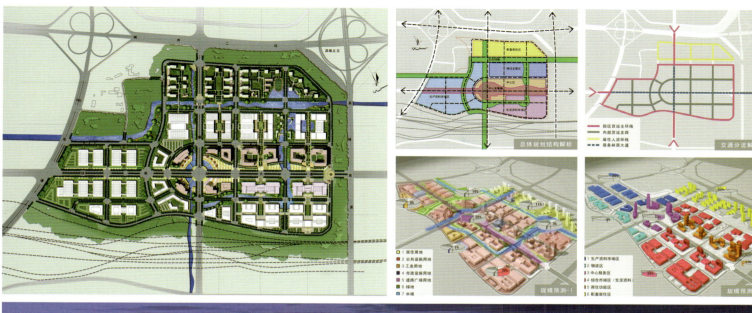

安徽六安嘉地广场

工程档案

建筑设计：建盟工程设计（福建）有限公司
项目地址：安徽六安
项目面积：320839.6㎡
项目类型：酒店、商业、办公

项目概况

- 合理且高效利用现有场地环境，形成场地设计的亮点
- 使商业、SOHO办公、酒店和绿化有机结合，发挥最大的协同效益。
- 规避项目周边影响地块不利因素的制约，减少相互影响。

本设计方案中，外观立面设计节点处理上运用桂花花瓣的形状点亮建筑，无不体现出六安桂花清雅高洁的气质。其次，提取报恩寺殿门石质方形廊柱之元素，应用于六安大别山农贸城主要入口设计中，有力映射出高大、宏伟、气派的城市入口形象。再者，本设计方案还提取了大成殿单檐歇山顶，经过现代设计手法的融合变换，在形式上、细节上改良创新。

本设计方案逐渐以历史沿革的形式再现六安的过去与璀璨的未来。本案拟打造成六安新兴的时尚综合性商业中心。是集购物、餐饮、休闲娱乐、五星级酒店、农特及旅游文化产品为一体的综合购物场所，项目将有舒适的购物环境及空间感。建筑风格由历史建筑文化衍生结合现在设计理念的手法，使建筑通透、轻盈，充满时代感。

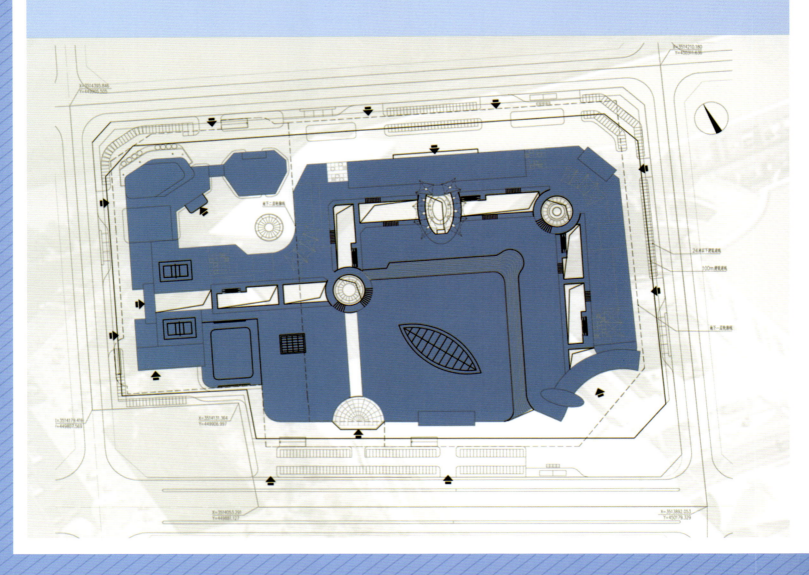

BUSINESS　　　　　　　　　　　　　　　　　　　　　　　　　　　　　　　　　　　营 城 造 市
　　　　　　　　　　　　　　　　　　　　　　　　　　　　　　　　　　　　　　TOWN AND CITY CONSTRUCTION

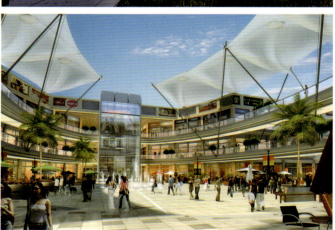

地域主义在现代建筑上的传承　　构思分析

桂花

寿县报恩寺

大成殿

293